U0177109

高职土建类
精品教材

建筑工程制图与识图

JIANZHU GONGCHENG
ZHITU YU SHITU

第 2 版

主　编　唐玉文
副主编　陈文峰　贾俊妮　范家茂

中国科学技术大学出版社

内 容 简 介

本书是根据住房和城乡建设部、国家质量监督检验检疫局发布的最新国家标准《房屋建筑制图统一标准》(GB/T 50001—2010)、《总图制图标准》(GB/T 50103—2010)、《建筑制图标准》(GB/T 50104—2010)、《建筑结构制图标准》(GB/T 50105—2010)、《给水排水制图标准》(GB/T 50106—2010)以及中国建筑标准设计研究院编制、住房和城乡建设部批准实施的《混凝土结构平面整体表示方法制图规则和构造详图》等规范和编写组多年的教学及工程实践经验编写的。

本书力求实现高职高专高等应用型人才的培养目标，以应用为目的，以必需、够用为原则取舍内容，从人的认知习惯出发安排教材内容顺序。

本书共9章，内容包括建筑制图基本知识，投影的基本知识，点、直线和平面的投影，体的投影，轴测投影，建筑施工图，结构施工图，建筑给水排水施工图，建筑电气施工图等。

本书适合高职高专相关专业学生学习，也可供与建筑有关的工程人员参考使用。

图书在版编目(CIP)数据

建筑工程制图与识图/唐玉文主编. —2 版. —合肥:中国科学技术大学出版社,2016.8
ISBN 978-7-312-03948-5

Ⅰ.建… Ⅱ.唐… Ⅲ.建筑制图—识图—高等职业教育—教材 Ⅳ.TU204.21

中国版本图书馆 CIP 数据核字(2016)第 204956 号

出版	中国科学技术大学出版社
	安徽省合肥市金寨路 96 号,230026
	http://press.ustc.edu.cn
印刷	合肥市宏基印刷有限公司
发行	中国科学技术大学出版社
经销	全国新华书店
开本	787 mm×1092 mm　1/16
印张	11.75＋11.75(习题集)
字数	414 千
版次	2013 年 1 月第 1 版　2016 年 8 月第 2 版
印次	2016 年 8 月第 4 次印刷
定价	36.00 元(含习题集)

前　言

本书编写组根据多年的教学和工程实践经验,采用住房和城乡建设部、国家质量监督检验检疫局发布的最新国家标准《房屋建筑制图统一标准》(GB/T 50001—2010)、《总图制图标准》(GB/T 50103—2010)、《建筑制图标准》(GB/T 50104—2010)、《建筑结构制图标准》(GB/T 50105—2010)、《给水排水制图标准》(GB/T 50106—2010),以及中国建筑标准设计研究院编制、住房和城乡建设部批准实施的《混凝土结构平面整体表示方法制图规则和构造详图》等,完成了此书的编写。本教材是安徽省省级建筑工程技术特色专业建设的成果之一。

本书的编写力求体现高职高专高等应用型人才的培养目标,以应用为目的,以必需、够用为原则取舍教材内容,从人的认知习惯出发编排内容顺序。

本书共9章,内容包括建筑制图基本知识,投影的基本知识,点、直线和平面的投影,体的投影,轴测投影,建筑施工图,结构施工图,建筑给水排水施工图,建筑电气施工图等。

本书由唐玉文主编。参加编写的人员及分工如下:合肥职业技术学院唐玉文编写第1、5、7章,淮南职业技术学院陈文峰编写第2、3、4章,安徽财贸职业学院贾俊妮编写第6章,合肥职业技术学院范家茂编写第8、9章。在本书编写过程中,合肥职业技术学院崔辉老师提出了许多宝贵意见,在此我们表示衷心的感谢。

由于编者水平有限,书中不足之处在所难免,恳请读者和同行批评指正。

编　者

目　　录

第1章　建筑制图基本知识

1.1　制图标准

建筑施工图纸是表达工程设计和指导施工必不可少的依据,是工程技术人员的语言。图纸中对于不同图样的表达、各种材料的符号以及文字的标注,都有明确的规定和严格的要求。住房和城乡建设部、国家质量监督检验检疫局发布了新修订的国家标准:《房屋建筑制图统一标准》(GB/T 50001—2010)、《总图制图标准》(GB/T 50103—2010)、《建筑制图标准》(GB/T 50104—2010)、《建筑结构制图标准》(GB/T 50105—2010)、《给水排水制图标准》(GB/T 50106—2010)等。本节将对标准中的图幅、图线、字体、比例等制图基本规定进行介绍。

1.1.1　图幅

图幅即图纸幅面,是指图纸宽度与长度组成的图面,为了便于图纸装订、保管及合理利用,图样均应画在具有一定幅面和形式的图纸上。

1. 幅面尺寸

图纸幅面用代号 A 表示,图纸幅面及图框尺寸应符合如表 1-1 所示的规定。必要时可选用加长幅面,图纸的短边不得加长,长边可以加长,但应符合规定。

表 1-1　幅面及图框尺寸

单位:mm

尺寸代号＼幅面代号	A0	A1	A2	A3	A4
$b \times l$	841×1 189	594×841	420×594	297×420	210×297
c		10			5
a			25		

2. 图纸形式

图纸中应有标题栏、图框线、幅面线、装订线和对中标志。将图纸的短边作垂直边称为横式,将短边作水平边称为立式。A0～A3 图纸宜以横式使用,必要时也可以立式使用。横式图纸应按如图 1-1、图 1-2 所示的形式进行布置,立式图纸应按如图 1-3、图 1-4 所示的形式进行布置。

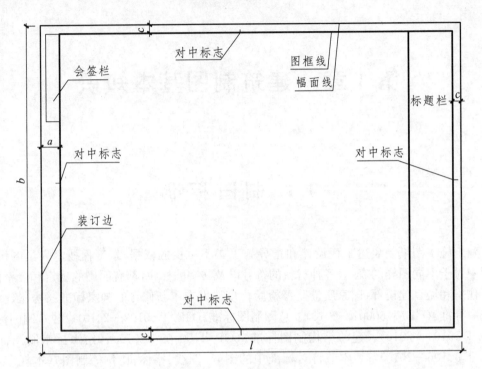

图 1-1　A0～A3 横式幅面(一)

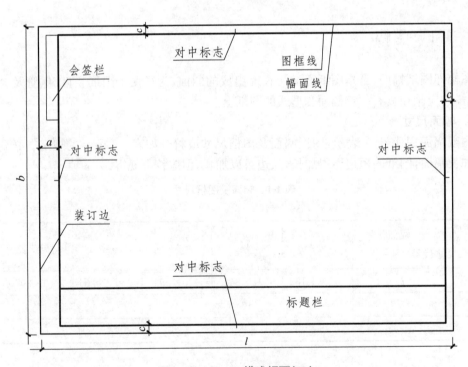

图 1-2　A0～A3 横式幅面(二)

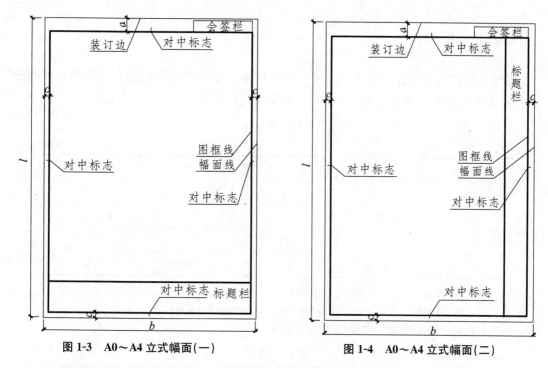

图 1-3　A0～A4 立式幅面(一)　　　　图 1-4　A0～A4 立式幅面(二)

3. 标题栏

标题栏应按如图 1-5、图 1-6 所示的形式,根据工程的需要选择确定其尺寸、格式及分区。

图 1-5　标题栏(一)

建设单位名称	注册师签章	项目经理	修改记录	工程名称区	图号区	签字区	会签栏

图 1-6　标题栏(二)

1.1.2　图线

图纸上所画的图形是用各种不同的图线组成的。每个图样应根据复杂程度和比例大小,先选定基本线宽 b,再选用如表 1-2 所示的相应线宽组。

表 1-2　线宽组

单位:mm

线宽比	线宽组			
b	1.4	1.0	0.7	0.5
$0.7b$	1.0	0.7	0.5	0.35
$0.5b$	0.7	0.5	0.35	0.25
$0.25b$	0.365	0.25	0.18	0.13

注:1. 需要缩微的图纸,不宜采用 0.18 及更细的线宽。

　　2. 同一张图纸内,各不同线宽中的细线,可统一采用较细的线宽组的细线。

图线的名称、形式、线型、用途如表 1-3 所示。

表 1-3　线型

名　称		线　型	线　宽	一　般　用　途
实线	粗		b	主要可见轮廓线
	中粗		$0.7b$	可见轮廓线
	中		$0.5b$	可见轮廓线、尺寸线等
	细		$0.25b$	图例填充线、家具线
虚线	粗		b	见各有关专业制图标准
	中粗		$0.7b$	不可见轮廓线
	中		$0.5b$	不可见轮廓线、图例线
	细		$0.25b$	图例填充线、家具线
单点长画线	粗		b	见各有关专业制图标准
	中		$0.5b$	见各有关专业制图标准
	细		$0.25b$	中心线、对称线、轴线等
双点长画线	粗		b	见各有关专业制图标准
	中		$0.5b$	见各有关专业制图标准
	细		$0.25b$	假想轮廓线、成型前原始轮廓线
折断线	细		$0.25b$	断开界线
波浪线	细		$0.25b$	断开界线

图纸的图框线和标题栏线的宽度按表 1-4 所示采用。

表 1-4　图框线、标题栏线的宽度

单位:mm

幅面代号	图框线	标题栏外框线	标题栏分格线
A0、A1	b	0.5b	0.25b
A2、A3、A4	b	0.7b	0.35b

绘制图线时的注意事项如表 1-5 所示。

表 1-5　绘制图线时的注意事项

注意事项	图　例	
	正　确	错　误
点画线相交时,应以长画线相交,点画线的起始与终了不应为点		
虚线与虚线或与其他线垂直相交时,在垂足处不应留有空隙		
虚线为实线的延长线时,不得以短画相接,应留有空隙,以表示两种图线的分界		

1.1.3　字体

　　工程图样上除绘有图形外,还要用文字填写标题栏、技术要求或说明事项;用数字来标注尺寸;用拉丁字母来表示定位轴线编号、代号、符号等。这些文字、数字或符号均应笔画清晰、字体端正、排列整齐;标点符号应清楚正确。否则,不仅影响图面质量,而且容易引起误解或读数错误,甚至造成工程事故。《房屋建筑制图统一标准》(GB/T 50001—2010)规定图样及说明中的汉字宜采用长仿宋体或黑体,并采用国家公布的简化字。长仿宋体的特点是:笔画挺直、粗细一致、结构匀称、便于书写。长仿宋体的宽度与高度的关系,应符合如表 1-6 所示的规定,黑体字的宽度与高度应相等。

表 1-6　长仿宋体字高、宽关系表

单位:mm

字　高	20	14	10	7	5	3.5
字　宽	14	10	7	5	3.5	2.5

　　图样及说明中的拉丁字母、阿拉伯数字、罗马数字的书写规则,应符合如表 1-7 所示的规定。如需写成斜体字,其斜度应从字的底线逆时针向上倾斜 75°。斜体字的高度与宽度应

与相应的直体字相等。

表 1-7　拉丁字母、阿拉伯数字、罗马数字书写规则

书 写 格 式		一般字体	窄字体
字母高	大写字母	h	h
	小写字母(上下均无延伸)	$7/10h$	$10/14h$
小写字母向上、向下均有延伸		$3/10h$	$4/14h$
笔画宽度		$1/10h$	$1/14h$
间　隔	字母间隔	$2/10h$	$2/14h$
	上下行基准线最小间隔	$14/10h$	$20/14h$
	词间隔	$6/14h$	$6/14h$

1.1.4　比例

图样的比例,应为图形与实物相对应的线性尺寸之比。例如,1∶1 表示图形大小与实物大小相同。1∶100 表示 100 m 在图形中按比例缩小只画成 1 m。比例的大小,系指比值的大小,如 1∶50 大于 1∶100。比例应以阿拉伯数字表示,如 1∶1、1∶2、1∶100 等。比例宜注写在图名的右侧,字的基准线应取平,其字号应比图名的字号小一号或小二号,如图 1-7 所示。

平面图　1∶100　　　　　　　⑤　1∶10

图 1-7　比例的注写

绘制图样所用的比例,应根据图样的用途和被绘对象的复杂程度,从表 1-8 中选用,并优先选用表中的常用比例。

表 1-8　绘图所用的比例

常用比例	1∶1,1∶2,1∶5,1∶10,1∶20,1∶30,1∶50,1∶100,1∶150,1∶200、 1∶500,1∶1 000,1∶2 000
可用比例	1∶3,1∶4,1∶6,1∶15,1∶25,1∶40,1∶60,1∶80,1∶250,1∶300,1∶400、 1∶600,1∶5 000,1∶10 000,1∶20 000,1∶50 000,1∶100 000,1∶200 000

一般情况下,一个图样应选用一种比例。若专业制图需要,则同一图样可选用两种比例。

1.2　制图工具和仪器

绘图可分计算机绘图和手工绘图两种,本节主要介绍常用的手工绘图工具及仪器的使用知识。

1.2.1 绘图工具和用法

1. 图板

图板是固定图纸用的工具,一般用胶合板制成。板面为矩形,要求板面平整,边框平直,四角均为 90°直角(图 1-8)。图板有几种规格,其尺寸比同号图纸略大,可根据需要选用。图板切不可受潮和高温,以防板面翘曲或开裂。

固定图纸时位置要适中,以便于画图。

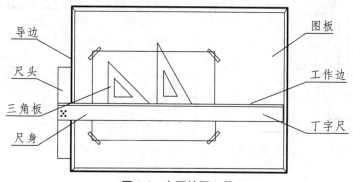

图 1-8　主要绘图工具

2. 丁字尺

丁字尺主要是用于画水平方向直线的工具,一般用有机玻璃制成。丁字尺由尺头和尺身组成,尺头与尺身牢固连接,尺头的内边缘为导边,尺身上边缘为工作边,都要求平直光滑。丁字尺用完后应挂起来,防止尺身变形。

丁字尺可用来画水平方向的直线。使用丁字尺时,需用左手握住尺头,使它始终紧靠图板的左边,上下推动到要画水平线的位置后,将左手移到画线部位,按住尺身,再从左向右画水平线。画一组水平线时,应从上到下逐条画出。丁字尺的使用方法如图 1-9 所示。

切勿把丁字尺尺头靠在图板的右边、下边或上边画线,也不得用丁字尺尺身的下边缘画线。

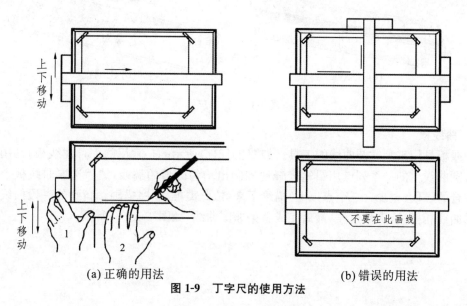

(a) 正确的用法　　　　　　　　　(b) 错误的用法

图 1-9　丁字尺的使用方法

3. 三角板

三角板一般用有机玻璃制成。一副三角板有两块,一块是有 30°、60°角的直角三角形;另一块是有两个 45°角的直角等腰三角形。用三角板与丁字尺配合可画垂直线或 30°、45°、60°的斜线,两块三角板配合可以画 15°、75°等斜线,还可以推画出任意方向的平行线。如图 1-10 所示。

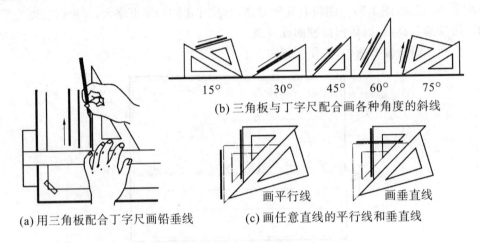

(a) 用三角板配合丁字尺画铅垂线

(b) 三角板与丁字尺配合画各种角度的斜线

(c) 画任意直线的平行线和垂直线

图 1-10　三角板的使用

丁字尺和三角板在使用前必须擦干净,使用的要领是:三角板必须紧靠丁字尺上边,画垂直线时一个直角边紧靠丁字尺上边,另一个垂直方向的直角边放在左侧,自下向上画线。

画一组铅垂线时,应从左到右逐条画出。

4. 比例尺

常用的比例尺呈三棱柱形状,又称三棱尺,在它的三个棱面上,刻有六种不同的常用比例刻度,供绘图时选用。也有比例直尺。如图 1-11 所示。

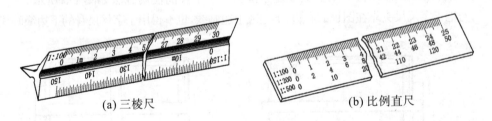

(a) 三棱尺

(b) 比例直尺

图 1-11　比例尺

5. 曲线板

曲线板是用来画非圆曲线的工具。如图 1-12(a)所示的是常用的一种曲线板,其用法是先将非圆曲线上的一系列点用铅笔轻轻地勾画出均匀圆滑的稿线,然后选取曲线板上能与稿线重合的一段(至少含三个点以上)描绘下来,依此类推,顺序描画。新画的一段曲线要与先画的曲线相搭接,平滑过渡,最后完成整条非圆曲线,如图 1-12(b)所示。

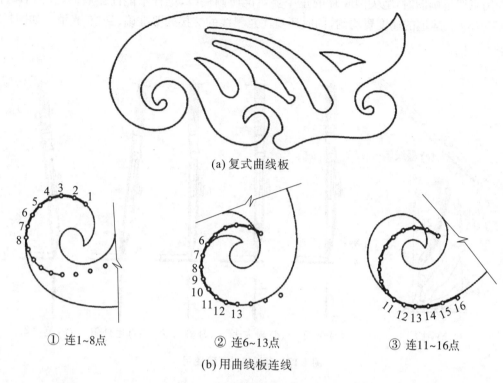

(a) 复式曲线板

① 连1~8点

② 连6~13点

③ 连11~16点

(b) 用曲线板连线

图 1-12　曲线板及其使用

6. 绘图铅笔

绘图铅笔的铅芯有软硬之分，"B"表示软铅芯，"H"表示硬铅芯。常用的绘图铅笔有"H""IIB""B"等。削铅笔时，应保留有标号一端，以便识别。铅笔可削成锥状或扁平的四棱状，如图 1-13 所示。

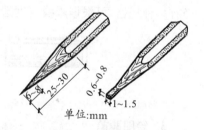

单位:mm

图 1-13　铅笔削法

1.2.2　绘图仪器

如图 1-14 所示是一套十五件绘图仪器。其中包括直线笔、圆规、铅笔插脚、墨线笔插脚、钢针插脚和延伸杆等。

1. 直线笔

直线笔也叫鸭嘴笔，是画墨线用的。它由笔杆和笔头两部分组成，笔头有两片尖端呈椭圆形、有弹性的薄钢叶片，其上有可以调节两叶片间距的螺丝，注墨后转动调节螺丝可画出不同粗细的墨线。使用时笔尖外侧应干净无墨迹，以免洇开；注墨量要适中，过多易漏墨，过少则使线条中断或干湿不均匀。

图 1-14　绘图仪器

　　用直线笔画图时,笔尖两叶片的正中要对准所画稿线,笔杆不能前俯后仰,宜向右略倾斜15°～30°。运笔的速度要均匀,同时还要注意墨线的交接处要准确、到位、光滑。如图1-15所示。

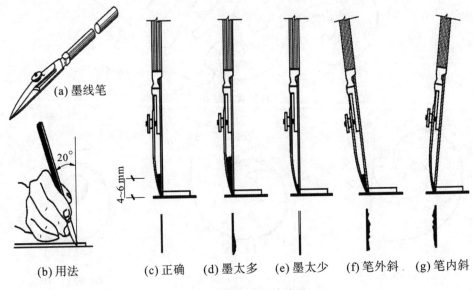

图 1-15　直线笔的正确使用

2. 绘图墨水笔

　　绘图墨水笔又称针管笔。它具有普通自来水笔的特点,不需要经常加墨水。笔尖的口径有多种规格,可根据画线宽度选用。使用时应保持笔尖清洁。如图1-16所示。

图 1-16　绘图墨水笔

3. 绘图蘸笔

　　绘图蘸笔主要用于写字。它由笔尖和笔杆组成。如图1-17所示。

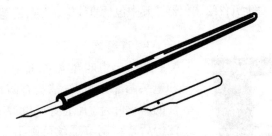

图 1-17　绘图蘸笔

4. 圆规

　　圆规是用来画铅笔线或墨线圆及圆弧的仪器。附件有钢针插脚、铅芯插脚、鸭嘴插脚和延伸插脚等。

　　画圆时,圆规的钢针应使用有尖台一端,针尖插入图板后,尖台与铅芯或鸭嘴笔尖平齐。

画线时圆规应略向画线前进方向倾斜,画线速度必须均匀。画大圆时在圆规插脚上接延伸插脚。画线时圆规两脚皆应垂直纸面。如图 1-18 所示。

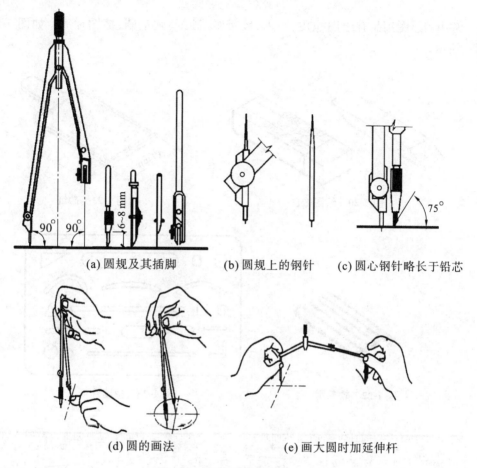

(a) 圆规及其插脚　　　　(b) 圆规上的钢针　　　(c) 圆心钢针略长于铅芯

(d) 圆的画法　　　　　　　(e) 画大圆时加延伸杆

图 1-18　圆规的正确用法

5. 分规

分规是用来量取尺寸和等分线段的仪器。分规两脚合拢时应合于一点。如图 1-19 所示。

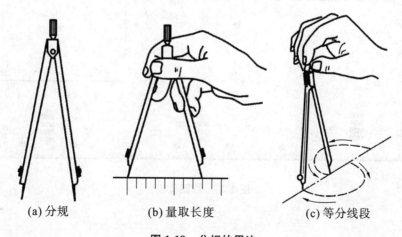

(a) 分规　　　　　　(b) 量取长度　　　　　(c) 等分线段

图 1-19　分规的用法

1.2.3　常用绘图用品

常用的绘图用品有绘图橡皮、小刀、胶带纸、砂纸、软毛刷、擦图片等。如图 1-20～图 1-24 所示。

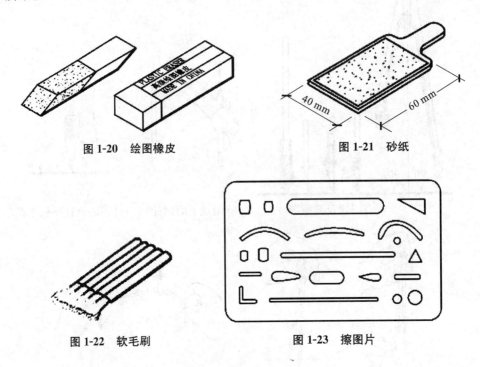

图 1-20　绘图橡皮　　　　　　　图 1-21　砂纸

图 1-22　软毛刷　　　　　　　图 1-23　擦图片

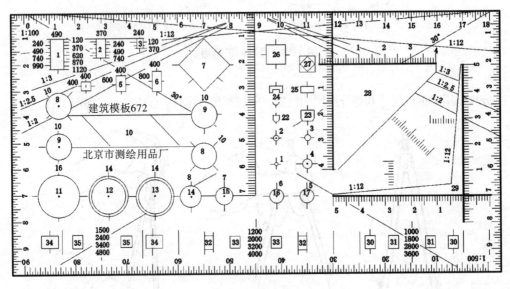

图 1-24　绘图模板

1.3　几何作图

建筑物的形状虽然多种多样,但其投影轮廓却都是由一些直线、弧线组成的几何图形。因此,应当掌握常用几何图形的作图原理及作图方法。

1.3.1　作平行线

过已知点作一直线平行于已知直线的作图,如图1-25 所示。

① 使三角板 a 的一直角边靠贴 AB,其斜边靠上另一三角板 b。

② 按住三角板 b 不动,推动三角板 a 至点 P。

③ 过点 P 画一直线即为所求。

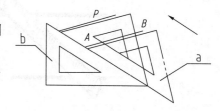

图 1-25　作平行线

1.3.2　作垂直线

过已知点作一直线垂直于已知直线的作图,如图1-26 所示。

① 使三角板 a 的一直角边靠贴 AB,另一三角板 b 靠贴三角板 a 斜边。

② 按住三角板 b 不动,推动三角板 a 至点 P。

③ 过点 P 画一直线即为所求。

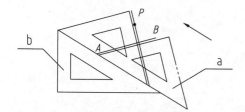

图 1-26　作垂直线

1.3.3　等分线段

将线段 AB 五等分的作图过程如图 1-27 所示。

① 过点 A 作任意直线 AC,并以适当的长度截取 5 等分,得 $1'$、$2'$、$3'$、$4'$、$5'$。

② 连接 $5'B$,并过 AC 线上各等分点作 $5'B$ 的平行线,分别交 AB 于 1、2、3、4,1、2、3、4即为所求的等分点。

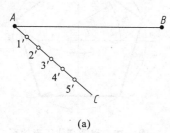

(a)

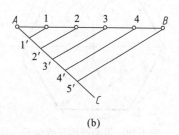

(b)

图 1-27　等分线段

1.3.4 等分两平行线间的距离

将平行线 AB、CD 间的距离三等分的作图过程如图 1-28 所示。

① 使直线尺上的 0 刻度线落在 CD 线上,移动直尺使 3 刻度线落在 AB 线上,取等分点 M、N。

② 过点 M、N 分别作直线 AB 的平行线,即得所求的三等分 AB 与 CD 之间距离的平行线。

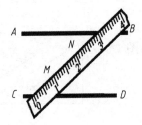
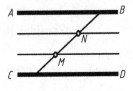

图 1-28　等分两平行线间的距离

1.3.5 作圆内接正多边形

1. 作圆内接正六边形

用圆规作圆内接正六边形的步骤如图 1-29 所示。

① 用圆规六等分圆周。

② 依次连接各等分点即得圆内接正六边形。

2. 作圆内接正五边形

用圆规作圆内接正五边形的步骤如图 1-30 所示。

① 两等分半径 OB,得点 1。

② 以点 1 为圆心,$1C$ 为半径,画圆弧交直径 AB 于点 2。

③ 以 $2C$ 为半径,分圆周为五等份。

④ 依次连接各等分点即得圆内接正五边形。

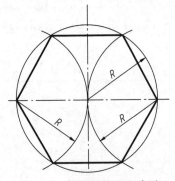
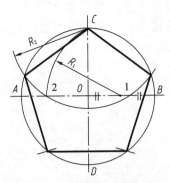

图 1-29　用圆规作正六边形　　　　**图 1-30　用圆规作正五边形**

1.3.6　作椭圆

用四心法作椭圆的步骤如图 1-31 所示。

① 作椭圆长、短轴端点 A、B。

② 以点 B 为圆心,椭圆长半轴与短半轴的差为半径,画圆弧交 AB 于点 C。

③ 作 AC 的垂直平分线分别交椭圆长轴、短轴于点 O_1、O_3。

④ 利用对称性作点 O_2、O_4。

⑤ 分别以点 O_1、O_2、O_3、O_4 为圆心画弧得椭圆。

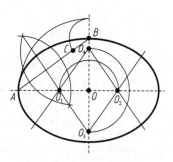

图 1-31　四心法作椭圆

1.3.7　圆弧连接

用一段圆弧光滑地连接相邻两线段的作图方法称为圆弧连接。各种连接的作图步骤如表 1-9 和表 1-10 所示。

表 1-9　直线间的圆弧连接

类　别	圆弧连接锐角或钝角的两边	圆弧连接直角的两边
图　例		
作图步骤	1.作与已知角两边分别相距为 R 的平行线,交点 O 即为连接弧的圆心; 2.自点 O 分别向已知角的两边作垂线,垂足 M、N 即为切点; 3.以 O 为圆心,R 为半径在切点 M、N 之间画连接圆弧即为所求	1.以角顶为圆心,R 为半径,分别交直线两边于 M、N; 2.以 M、N 为圆心,R 为半径画弧相交得连接圆心 O; 3.以 O 为圆心,R 为半径在 M、N 间画连接圆弧即为所求

表 1-10　直线与圆弧及圆弧之间的圆弧连接

名　称	已知条件和作图要求	作 图 步 骤		
圆弧连接直线与圆弧	已知连接圆弧的半径为 R,将此圆弧外切于圆心为 O_1、半径为 R_1 的圆弧和直线 l	1.作直线 l' 平行于直线 l(其间距为 R),再作已知圆弧的同心圆(半径 R_1+R)与直线 l' 相交于 O	2.过点 O 作直线 l 的垂线交 l 于 1。连接 OO_1 交已知圆弧于 2,1,2 即为切点	3.以 O 为圆心,R 为半径画圆弧,连接直线 l 和圆弧 O_1 于 1、2,$\overset{\frown}{12}$ 即为所求

名　称		已知条件和作图要求	作　图　步　骤		
圆弧连接圆弧与圆弧	外连接	已知连接圆弧的半径为 R，将此圆弧同时外切于圆心为 O_1、O_2，半径为 R_1、R_2 的圆弧	1. 分别以 $R+R_1$ 和 $R+R_2$ 为半径，O_1、O_2 为圆心画圆弧，相交于 O	2. 连接 O、O_1 交已知圆弧于1；连接 O、O_2 交已知圆弧于2。1、2 即为切点	3. 以 O 为圆心，R 为半径作弧，连接已知圆弧于 1、2，$\overset{\frown}{12}$ 即为所求
	内连接	已知连接圆弧的半径为 R，将此圆弧同时内切于圆心为 O_1、O_2，半径为 R_1、R_2 的圆弧	1. 分别以 $R-R_1$ 和 $R-R_2$ 为半径，以 O_1、O_2 为圆心画圆弧，相交于 O	2. 连接 O、O_1 并延长交已知圆弧于1，连接 O、O_2 并延长交已知圆弧于2。1、2 即为切点	3. 以 O 为圆心，R 为半径，连接已知圆弧于 1、2，$\overset{\frown}{12}$ 即为所求
	混合连接	已知连接圆弧的半径为 R，将此圆弧外切于圆心为 O_1，半径为 R_1 的圆，同时又内切于圆心为 O_2，半径为 R_2 的圆弧	1. 分别以 $R+R_1$ 和 R_2-R 为半径，O_1、O_2 为圆心画圆弧，相交于 O	2. 连接 O、O_1 交已知圆弧于1，连接 O、O_2 并延长交已知圆弧于2。1、2 即为切点	3. 以 O 为圆心，R 为半径作弧，连接已知圆弧于 1、2，$\overset{\frown}{12}$ 即为所求

第 2 章 投影的基本知识

工程图样是要在二维平面上准确表达形体的尺寸大小和几何形状。建筑工程中的所有图样都是依据投影原理形成,并用投影的方法绘制的。所以投影原理和投影方法是绘制投影图的基础,掌握了投影原理和投影方法,就容易学会制图和识读各种工程图样。本章主要介绍正投影法的基本原理。

2.1 投影的概念

投影原理来自于日常生活中的"影子"的形成方式。太阳光下的电线杆在地面上会留下长长的影子,且影子的大小和位置会随着一天中太阳方位的变化而改变;或者在漆黑的夜晚,用手电筒照射物体,会在物体后的墙面或地面形成影子。这些都是我们日常生活中常见的投影现象。但是这些影子仅仅反映了物体的外形轮廓,并不能真实反映物体内部或本身的形状。影子的形成如图 2-1 所示。

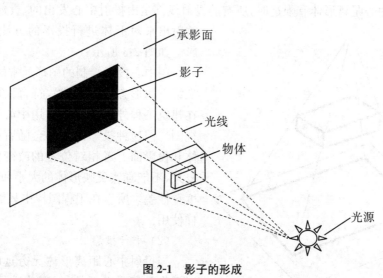

图 2-1 影子的形成

2.1.1 投影的形成

投影的形成如图 2-2 所示,投射中心发出的光线照射在空间物体上并在平面 P 上形成了投影,所以产生投影必须具备三要素:投射线、形体和投影面。

总结投影的自然规律,并将其应用于建筑工程,即形成投影图。所谓投影图,即假定光线能穿透物体,并把其所有的轮廓线都投射在投影平面上,使其能够反映物体的轮廓形状。

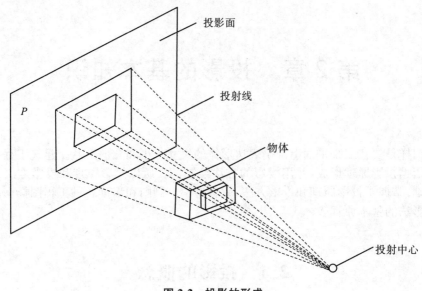

图 2-2　投影的形成

2.1.2　投影的分类

根据投射中心距离投影面的远近,投影可分为中心投影和平行投影。

(1) 中心投影

当投射中心距离形体有限远时,所有的投射线都是由投射中心发出的,投射线是由一点放射出来对形体进行投影的方法称为中心投影。如图 2-3 所示。

用中心投影绘制的图形通常能反映对象的三维空间形态,立体感强,符合人的视觉,因此在建筑工程外形设计中常用中心投影(建筑透视图),但这种投影的大小会随着投射中心、形体和投影面三者相对位置的改变而改变,作图复杂,不能真实反映形体的大小和实际尺寸,即度量性差。所以在工程图样中只能作为辅助图样使用。

(2) 平行投影

当投射中心距离形体无穷远时,投射线可以看作是相互平行的,对形体进行投影的方法称为平行投影。平行投影根据投射线和投影面是否垂直,又分为正投影和斜投影。其中当平行投射线倾斜于投影面时形成的投影称为斜投影,如图 2-4 所示;平行投射线垂直于投影面时形成的投影称为正投影,如图 2-5 所示。正投影能准确地反映形体的真实形状和大小,但立体感较差。

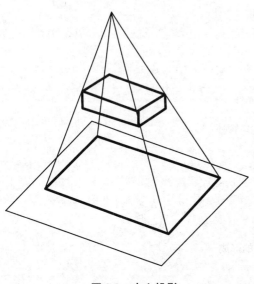

图 2-3　中心投影

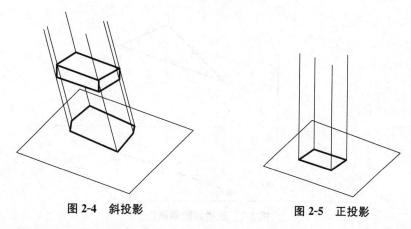

图 2-4　斜投影　　　　　　　　　　　　**图 2-5　正投影**

　　为了能在投影图中正确地反映形体各面和内部形状变化，我们可以假设物体的各个面是透明的，投射线能透过形体，并用实线和虚线分别表示物体的可见和不可见轮廓线，这样就可以表示物体的内部构造。建筑施工图和结构施工图都是用正投影法绘制出来的，利用正投影法绘制的图样，称为正投影图。教材中若无特别说明，投影均指正投影。

2.2　正投影的特性

　　在建筑工程施工图中，正投影法是最常使用的。正投影有如下基本特性。

1. 类似性

　　正投影的类似性也称为同素性，点的投影仍然是点，当直线段或平面与投影面倾斜时，直线的投影仍然是直线，其投影长度小于直线原长，平面的投影仍然是平面，是大小小于平面实形的类似形（注意类似形不同于相似形），这称为正投影的类似性，如图 2-6 所示。

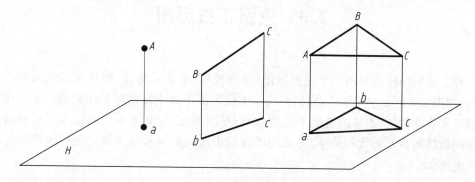

图 2-6　正投影的类似性

2. 积聚性

　　当直线或平面垂直于投影面时，它们在该投影面上的投影分别积聚成一点或一直线，这种投影特性称为积聚性，如图 2-7 所示。

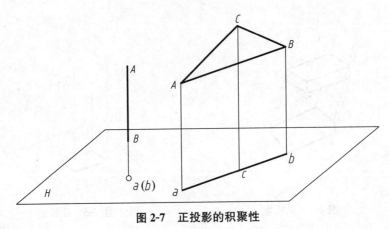

图 2-7 正投影的积聚性

3. 全等性

全等性也称为显实性,当直线或平面平行于投影面时,其正投影反映线段的实长或平面图形的实形,如图 2-8 所示。

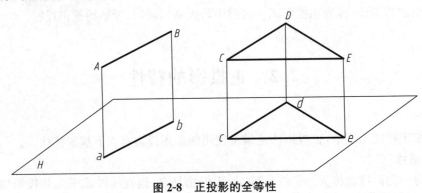

图 2-8 正投影的全等性

2.3 三面正投影图

工程上绘制图样若只用一个正投影图(单面投影)来表达物体,很难确定空间物体的真实面目,如图 2-9 所示空间形体,它们在同一个投影面上的正投影却是相同的。如果用两个正投影图来表达物体,物体的真实形状也很难确定,如图 2-10 所示。所以为了更好地表达三维空间物体的真实形状和尺寸,需采用增加投影面的数量从而得到一组投影图的方法来完全确定形体。

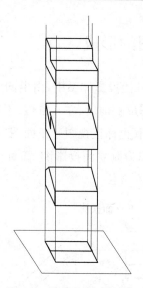

图 2-9 物体的单面投影

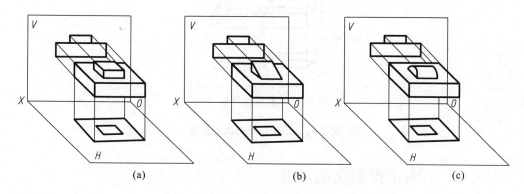

(a)　　　　　　　　(b)　　　　　　　　(c)

图 2-10 物体的两面投影

2.3.1 三面投影体系的建立

三面投影体系是由 3 个相互垂直的投影面组成的,如图
2-11 所示,在三面投影体系中,3 个投影面分别为正立投影面,
简称正立面,用 V 表示;水平投影面,简称水平面,用 H 表示;
侧立投影面,简称侧立面,用 W 表示。3 个投影面分别两两相
交,形成了 3 个投影轴,3 个投影轴垂直相交的交点为原点 O。
其中,OX 轴为 V 面和 H 面的交线,代表长度方向;OY 轴为 H
面和 W 面的交线,代表宽度方向;OZ 轴为 V 面和 W 面的交
线,代表高度方向。

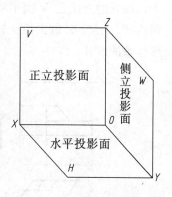

图 2-11 三面投影体系

2.3.2 三面正投影图的形成

如图 2-12 所示,把形体放在三面投影体系中,由上向下的正投影图称为水平面投影图,简称平面图(也称俯视图),平面图反映前后、左右方位,不反映上下方位;由前向后的正投影图称为正立面投影图,简称正面图(也称正视图),正面图反映物体的上下、左右方位,不反映前后方位;由左向右的正投影图称为侧立面投影图,简称侧面图(也称左视图),侧面图反映物体的前后、上下方位,不反映左右方位。

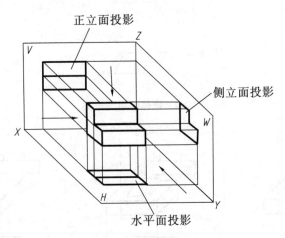

图 2-12 三面正投影图的形成

2.3.3 三面正投影图的展开

在工程图纸上,形体的三面投影图是画在同一个平面上的。为了把处于空间位置的三面投影图能画在同一张图纸上,在绘图时必须将相互垂直的 3 个投影面展开到同一个平面上。展开的方法是:V 面不动,分别把 H 面绕 OX 轴向下旋转 $90°$,使其与 V 面在同一个平面内,W 面绕 OZ 轴向后旋转 $90°$,使其与 V 面也在同一个平面内。如图 2-13 所示为三面投影体系的展开。

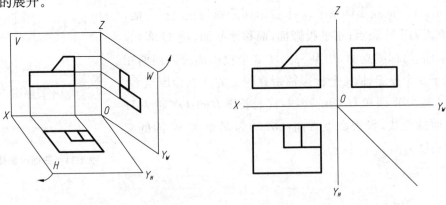

(a) 三面投影体系的直观图   (b) 展开后的三面投影图

图 2-13 三面投影体系的展开

2.3.4　三面正投影图的投影规律

形体的左右、前后、上下关系及其长、宽、高是初学者很容易出错的内容。如图 2-14 所示为形体的三面投影规律。

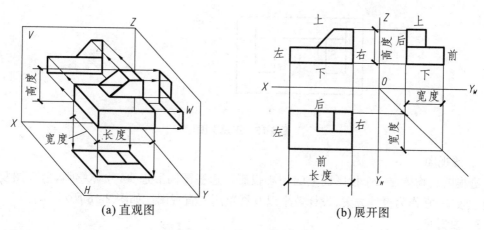

(a) 直观图　　　　　　　　　　　　(b) 展开图

图 2-14　形体的三面投影规律

从图 2-14 可以看出,形体的三面投影图在平面展开后的位置关系和尺寸关系如下所示。

正面投影和平面投影:左右对正,长度相等——长对正;

正面投影和侧面投影:上下看齐,高度相等——高平齐;

平面投影和侧面投影:前后对应,宽度相等——宽相等。

这就是三面正投影图的“三等关系”,即“长对正、高平齐、宽相等”。在建筑工程图样的绘制和识读中,都要遵循投影的“三等关系”。

2.4　土建工程中常用的投影图

1. 正投影图

正投影图是把形体向两个或两个以上互相垂直的投影面进行投影,再按一定的规律将其展开到一个平面上,所得到的投影图称为正投影图。正投影图能反映形体的真实形状和大小,度量性好,作图方便,缺点是立体感较差,不容易看懂。它是工程上的主要图样。如图 2-15 所示。

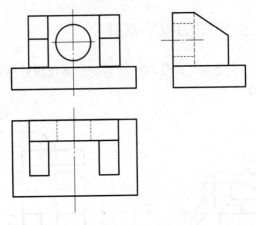

图 2-15　正投影图

2. 透视图

透视图是物体在一个投影面上的中心投影。透视图图形逼真,立体感强,但作图复杂,度量性较差,常作为设计方案、设计效果以及展览用的直观图。如图 2-16 所示。

3. 轴测图

轴测图是物体在一个投影面上的平行投影。将物体安置于投影体系中合适的位置,选择适当的投射方向,即可得到富有立体感的轴测投影图。轴测图的直观性和立体感较强,容易看懂,但度量性差,作图麻烦,且对于复杂形体也难以表达清楚,通常用来绘制给排水、采暖通风管等设备的管道系统图。如图 2-17 所示。

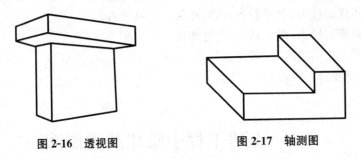

图 2-16　透视图　　　　　　　图 2-17　轴测图

4. 标高投影图

标高投影图是单面正投影图,用正投影反映物体的长度和宽度,其高度用数字标注。多用来表达复杂的地形和复杂的曲面,常用来绘制地形图和道路、水利工程方面的平面布置图。如图 2-18 所示。

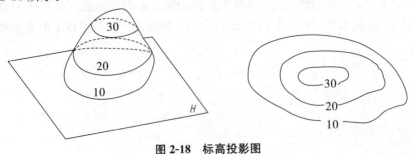

图 2-18　标高投影图

第3章　点、直线和平面的投影

建筑物及其组成构件,可以看成是由若干个几何形体组成的,形体的组成又可以看成是由若干个点、线(直线或曲线)和面(平面、曲面)构成的。所以构成工程建筑物形体的基本几何元素是点、直线和平面。本章主要研究点、直线和平面的投影规律。

3.1　点 的 投 影

3.1.1　点的投影

1. 点的单面投影

图 3-1 为一单面投影体系。空间中点 A 的正投影为过空间中的点 A 向水平面 H 作垂线,垂足 a 即为点 A 在 H 面上的正投影。由图 3-1 分析可知,空间中的点 A 对应 H 面上的投影是唯一的,而 H 面上的点 a 对应空间中的点 A 却并不是唯一的,有可能是图中所示的点 A'。

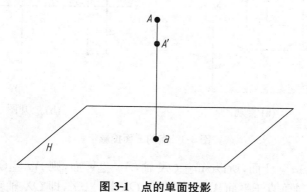

图 3-1　点的单面投影

2. 点的两面投影

如图 3-2(a)所示,由 H 面和 V 面组成两面投影体系,其中 V 面和 H 面垂直相交于 OX 轴。过空间中的点 A 分别向 H 面和 V 面作单面正投影,即可得投影 a 和 a',则 a 为点 A 的 H 面投影,a' 即为点 A 的 V 面投影。

将 H 面、V 面投影体系沿 OX 轴展开(V 面不动,H 面绕 OX 轴向下旋转 90°),即得展开后的点 A 的两面投影图,如图 3-2(b)所示。

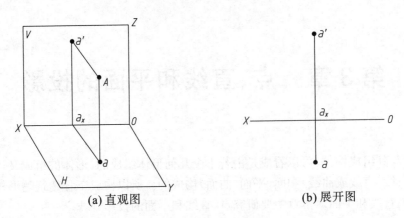

(a) 直观图　　　　　　　　　(b) 展开图

图 3-2　点的两面投影

点的两面投影规律：

① 点的两面投影的连线垂直于投影轴，即 $aa' \perp OX$ 轴；

② 点的投影到投影轴的距离等于点到投影面的距离，即 $aa_X = Aa'$，$a'a_X = Aa$。

3. 点的三面投影

将空间点 A 置于三面投影体系中，自点 A 分别向三个投影面作垂线，三个垂足 a、a'、a'' 就是点 A 分别在 H 面、V 面和 W 面上的投影，如图 3-3(a) 所示。并将三个投影面展开在同一个平面上，如图 3-3(b) 所示。

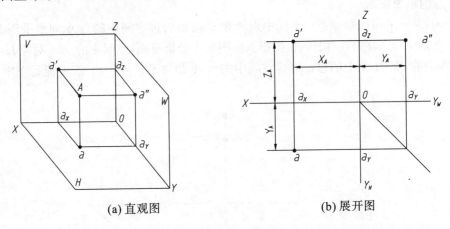

(a) 直观图　　　　　　　　　(b) 展开图

图 3-3　点的三面投影

由图 3-3 可知，$Aa \perp H$ 面，所以 $Aa \perp OX$ 轴，$Aa' \perp V$ 面，则 $Aa' \perp OX$ 轴，Aa 和 Aa' 相交于点 A，所以 OX 轴垂直于平面 Aaa_Xa'，所以 OX 轴 $\perp aa'$，即 OX 轴垂直于点 A 的 V 面投影和 H 面投影的连线；同理可得，点 A 的 H 面投影和 W 面投影的连线垂直于 OY 轴（即 OY 轴 $\perp aa''$），点 A 的 V 面投影和 W 面投影的连线垂直于 OZ 轴（即 OZ 轴 $\perp a'a''$）。

点 A 的 H 面投影 a 到 OY 轴的距离、V 面投影 a' 到 OZ 轴的距离等于点 A 到 W 面的距离，同时等于点 A 的 X 坐标 $X_A = Oa_X$；点 A 的 H 面投影 a 到 OX 轴的距离、W 面投影 a'' 到 OZ 轴的距离等于点 A 到 V 面的距离，同时等于点 A 的 Y 坐标 $Y_A = Oa_Y$；点 A 的 V 面投影 a' 到 OX 轴的距离、W 面投影 a'' 到 OY 轴的距离等于点 A 到 H 面的距离，同时等于点 A 的 Z 坐标 $Z_A = Oa_Z$。由此可见，空间点的三面投影包含了该点空间位置的三个坐标，即确定了点的空间位置。已知空间点的坐标，则可以求点的三面投影，反之亦可。

点的三面投影规律：

① 点的两面投影的连线垂直于投影轴；

② 点的投影到投影轴的距离，等于该点到相应投影面的距离，同时反映该点的坐标。

【例 3-1】　如图 3-4(a)所示，已知点 A 的 H 面投影 a 和 V 面投影 a'，求其第三面投影。

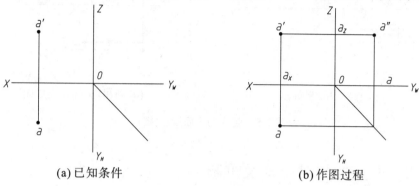

(a) 已知条件　　　　　　　　　　(b) 作图过程

图 3-4　作点 A 的第三面投影

解　根据点的投影规律，即可作出点的第三面投影。具体作图步骤如下：

① 过点 a' 向 OZ 轴作垂线，并适当延长；

② 过点 a 向 OY 轴作垂线，适当延长，交于 45°辅助线后向上交于 OY_W 轴并延长，交 $a'a_Z$ 延长线于 a''，点 a'' 即为所求，如图 3-4(b)所示。

【例 3-2】　如图 3-5 所示，已知空间点 $A(20,15,18)$，求点 A 的三面投影。

解　根据点投影与点坐标之间的关系，即可作出点 A 的三面投影。具体作图步骤如下：

① 建立三面投影坐标体系，并确定单位长度，如图 3-5(a)所示；

② 在 OX 轴上从点 O 开始向左量取 X 坐标 20 个单位，定出 a_X，并过 a_X 作 OX 轴的垂线，如图 3-5(b)所示；

③ 在 OZ 轴上从点 O 开始向上量取 Z 坐标 18 个单位，定出 a_Z，并过 a_Z 作 OZ 轴的垂线，两条垂线的交点即为点 a'，如图 3-5(c)所示；

④ 在 OY 轴上从点 O 开始分别沿 Y_H 轴和 Y_W 轴向前量取 Y 坐标 15 个单位，分别定出 a_{Y_H} 和 a_{Y_W}，并过 a_{Y_H} 和 a_{Y_W} 分别作 Y_H 轴和 Y_W 轴的垂线，两垂线分别相交得到点 a 和点 a''，如图 3-5(d)所示。

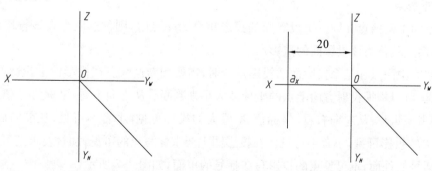

(a) 建立三面投影坐标系，确定单位长度　　　(b) 利用 X 坐标

图 3-5　点 A 的三面投影

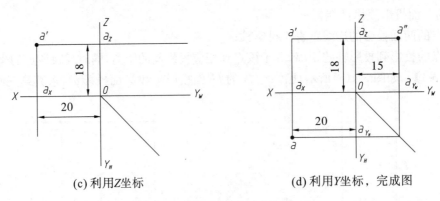

(c) 利用Z坐标　　　　　　　　　　　(d) 利用Y坐标，完成图

图 3-5　点 A 的三面投影(续)

3.1.2　两点的相对位置及重影点

1. 两点的相对位置

在工程图样中，两点的相对位置是指空间中两点的前后、左右以及上下 3 个方向的相对位置。可通过比较它们的坐标关系来确定。长度方向，X 坐标大者在左边，小者在右边；宽度方向，Y 坐标大者在前方，小者在后方；高度方向，Z 坐标大者在上方，小者在下方。所以在空间两点的投影中，正面投影反映上下、左右关系，水平投影反映左右、前后关系，侧面投影反映上下、前后关系。

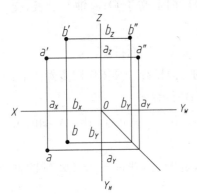

图 3-6　判断两点的相对位置

【例 3-3】　如图 3-6 所示，已知点 A 和点 B 的三面投影，试判断两点的相对位置。

解　利用两点的坐标值即可判断点 A 和点 B 的相对位置，具体分析如下：

$X_A > X_B$，点 A 在点 B 的左方；$Y_A > Y_B$，点 A 在点 B 的前方；$Z_A < Z_B$，点 A 在点 B 的下方。所以点 A 在点 B 的左、前、下方。

2. 重影点

当空间中某两点在同一个投影面的投影重合为一点时，则称这两点在该投影面的投影重影，这两点就称为该投影面的重影点。

当空间中两点在某个投影面的投影重合时，需要判断这两点在投影面上投影的可见性。显而易见，可以根据投射方向上点的坐标值大小来判断。从上向下看，坐标值 Z 值大的投影可见，小者不可见；从左向右看，坐标值 X 值大的投影可见，小者不可见；从前向后看，坐标值 Y 值大的投影可见，小者不可见。在投影图上要求注写点的可见性时，要求把可见点的投影写在括号的外面，不可见点的投影写在括号的里面，如图 3-7 所示。

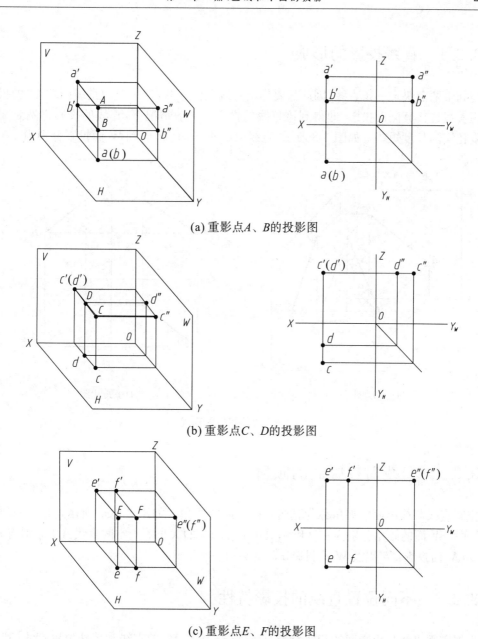

(a) 重影点A、B的投影图

(b) 重影点C、D的投影图

(c) 重影点E、F的投影图

图 3-7　重影点及其可见性判断

3.2　直线的投影

　　直线是点的集合,所以直线的投影就是点投影的集合。直线的投影在投影知识中处于非常重要的地位,正确认识直线投影的原理,熟练掌握直线投影的特点、直线真长及其与投影面的倾角,有助于以后正确学习体的投影。

3.2.1　直线投影的形成

空间中两点决定一条直线,因此只要作出直线上任意两点(一般为直线两端点)的投影,并用粗实线连接其同面投影,即得到该直线的投影。一般情况下,直线的投影仍然是直线,但长度比实际长度短些。如图 3-8 所示,直线 AB 的 V 面、H 面和 W 面投影分别为 $a'b'$、ab 和 $a''b''$。

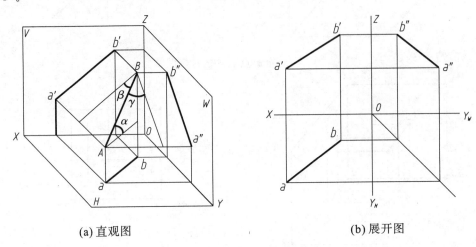

(a) 直观图　　　　　　　　　　　　　(b) 展开图

图 3-8　直线投影的形成

3.2.2　直线对投影面的倾角

空间直线与投影面的夹角称为直线对投影面的倾角。如图 3-8(a)所示,直线 AB 对 H 面、V 面和 W 面的倾角分别为 α、β 和 γ,其中 α、β 和 γ 的大小等于空间直线 AB 分别与 H 面投影 ab、V 面投影 $a'b'$ 以及 W 面投影 $a''b''$ 的夹角。

3.2.3　不同位置直线的投影特性

根据空间直线与投影面的相对位置,直线可分为一般位置直线和特殊位置直线,其中特殊位置直线又可分为投影面平行线和投影面垂直线。

1. 一般位置直线

空间中,当直线与三个投影面既不平行也不垂直时,称为一般位置直线。如图 3-8(a)所示,AB 为一般位置直线,其三面投影的特点是:直线的三面投影均为相对于投影轴倾斜的类似直线,既不反映实际长度,也不反映与投影面的倾角。如图 3-8(b)所示。

一般位置直线的判断:直线的三面投影都对投影轴倾斜,即判断该直线为一般位置直线。

2. 投影面平行线

在三面投影体系中,如果空间直线与其中一个投影面平行,且与其他两个投影面倾斜,则称为投影面的平行线。

平行于 H 面，且与 V 面、W 面倾斜的直线称为水平面平行线，简称水平线；平行于 V 面，且与 H 面、W 面倾斜的直线称为正立面平行线，简称正平线；平行于 W 面，且与 H 面、V 面倾斜的直线称为侧立面平行线，简称侧平线。各投影面平行线的直观图、展开后投影图以及投影特性如表 3-1 所示。

由表 3-1 可知，投影面平行线的投影特性是：直线在所平行的投影面上反映实长，且该投影与相应投影轴的夹角反映直线与其他两投影面的倾角，其他两面投影分别平行于相应的投影轴。

投影面平行线判断：直线的两面投影均平行于投影轴，第三面投影与投影轴倾斜时，则该直线一定是投影面平行线。在哪个投影面为倾斜线，就是哪个面的平行线。

表 3-1　投影面平行线

名　称	直观图	投影图	投影特性
水平线 ($/\!/H$)			1. $a'b'/\!/OX$，$a''b''/\!/OY_W$； 2. H 面投影 $ab=AB$，且反映夹角 β、γ 大小
正平线 ($/\!/V$)			1. $ab/\!/OX$，$a''b''/\!/OZ$； 2. V 面投影 $a'b'=AB$，且反映夹角 α、γ 大小
侧平线 ($/\!/W$)			1. $ab/\!/OY_H$，$a'b'/\!/OZ$； 2. W 面投影 $a''b''=AB$，且反映夹角 α、β 大小

3. 投影面垂直线

在三面投影体系中，如果空间直线与其中一个投影面垂直，则称为投影面垂直线，投影面垂直线与其他两个投影面平行。

垂直于 H 面的直线称为铅垂线，垂直于 V 面的直线称为正垂线，垂直于 W 面的直线称为侧垂线。各投影面垂直线的直观图、展开后投影图以及投影特性如表 3-2 所示。

由表 3-2 可知，投影面垂直线的投影特性是：在所垂直的投影面上投影积聚成一点，其他两面投影均平行于相应的投影轴。

投影面垂直线判断：当直线的其中一面投影积聚为一点时，即可判断该直线为投影面垂直线，且垂直于投影积聚的那个投影面。

表 3-2　投影面垂直线

名　　称	直观图	投影图	投影特性
铅垂线 （⊥H）			1. H 面投影积聚为一点 $a(b)$； 2. V 面、W 面投影 $a'b' = a''b'' = AB$； 3. $a'b' \perp OX$，$a''b'' \perp OY_W$
正垂线 （⊥V）			1. V 面投影积聚为一点 $a'(b')$； 2. H 面、W 面投影 $ab = a''b'' = AB$； 3. $ab \perp OX$，$a''b'' \perp OZ$
侧垂线 （⊥W）			1. W 面投影积聚为一点 $a''(b'')$； 2. H 面、V 面投影 $ab = a'b' = AB$； 3. $ab \perp OY_H$，$a'b' \perp OZ$

3.2.4　直线上点的投影

点在直线上，那么点的投影一定落在直线的同面投影上，这称为从属性。如图 3-9 所示，C 点在直线 AB 上，则 C 点的 H 面投影 c 和 V 面投影 c' 一定落在直线 AB 的 H 面投影 ab 上和 V 面投影 $a'b'$ 上。且 C 点分直线段 AB 长度之比等于其同面投影长度之比，这称为定比性。如图 3-9 所示，$AC : CB = ac : cb = a'c' : c'b'$。

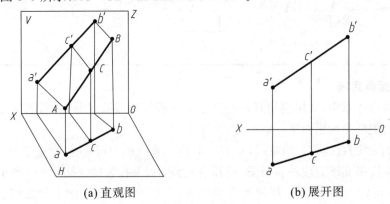

(a) 直观图　　　　　　　　　(b) 展开图

图 3-9　直线上点的投影

【例 3-4】　如图 3-10(a)所示,已知直线 EF 的 V、H 面投影,求在直线 EF 上找一点 K,使其分直线 EF 为 1:3。

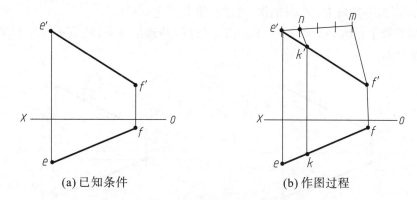

(a) 已知条件　　　　　　　　(b) 作图过程

图 3-10　直线上点分割直线与投影

解　利用直线上的点符合从属性和定比性即可求得 K 点。

作图过程如图 3-10(b)所示,具体作图步骤如下:

① 过 e' 作一条长度适当的射线 $e'm$,并以适当的长度截取 4 等份;

② 连接第 4 等分点 m 与 f';

③ 过第 1 等分点 n 作 mf' 的平行线,并交线 $e'f'$ 于 k' 点,即得到符合条件的 K 点的 V 面投影;

④ 由 k' 向 OX 轴作垂线,并交线 ef 于 k 点,即得到 K 点的 H 面投影。

3.2.5　求一般位置直线的真长及其与投影面的倾角

根据直线的投影,用直角三角形法可求得一般位置直线的真长及其与投影面的倾角。

如图 3-11(a)所示,在平面 $ABba$ 上,作 $AD\parallel ab$,则 AD 为水平线,且 $AD=ab$,则 $\triangle BDA$ 为直角三角形,其中斜边 AB 就是一般位置直线的真长,BD 则为点 A 与点 B 的 Z 坐标差(即 $\Delta Z=Z_B-Z_A$),AB 与 AD 的夹角即为空间直线 AB 与投影面 H 的倾角。如图 3-11(b)所示,利用 H 面投影可求直线 AB 的真长及倾角 α。如图 3-11(c)所示,利用 V 面投影可求直线 AB 的真长及倾角 β。

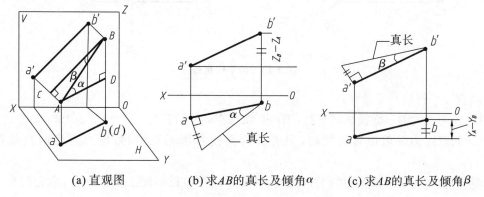

(a) 直观图　　　　　　(b) 求 AB 的真长及倾角 α　　　　　(c) 求 AB 的真长及倾角 β

图 3-11　求直线的真长及其与投影面的倾角

【例 3-5】　如图 3-12(a)所示,已知直线 MN 的 V、H 面投影,求直线 MN 的真长及倾角 β。

解　利用直角三角形法即可求得 MN 的真长。具体作图步骤如下:

①　以 $m'n'$ 为一直角边,从 m' 端作一直线,使 $Km'\perp m'n'$;

②　在垂直线上量取 $m'K=\Delta Y=Y_N-Y_M$ 长度,并连接 Kn',则 Kn' 即为 MN 的真长,$\angle m'n'K$ 即为 β。

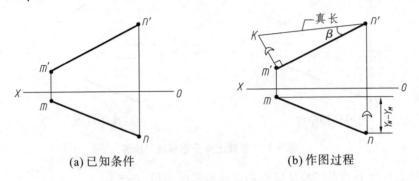

(a)已知条件　　　　　　　　(b)作图过程

图 3-12　求直线的真长及与投影面的倾角 β

3.2.6　两直线的相对位置

空间中两条直线的相对位置有平行、相交和交叉(也称异面)三种情况。

1. 两直线平行

空间中两直线平行的投影特点:空间中两条直线平行,则其同面投影也相互平行。如图 3-13 所示。

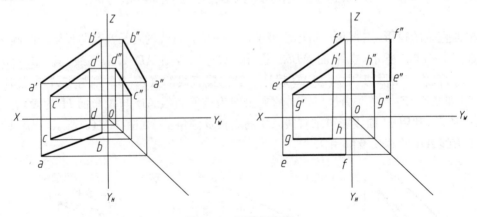

图 3-13　两平行直线

两直线平行的判定条件:

①　若两直线的三面投影都平行,则两直线在空间平行;

②　两直线为一般位置直线时,只要其两面投影都相互平行,即可判定两直线在空间平行;

③　两直线为某一投影面的平行线时,只要它们在该投影面上投影平行,则它们在空间平行。

2. 两直线相交

空间中两直线相交的投影特点:空间中两条直线相交,则它们的三面投影均相交,且交点符合点的投影规律。如图 3-14 所示。

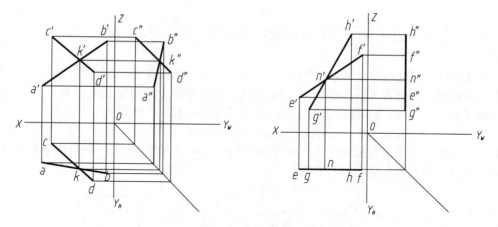

图 3-14　两相交直线

两直线相交的判定条件:

① 若两直线的三面投影均相交,且交点符合点的投影规律,则两直线为相交直线;

② 若为一般位置两直线,只要其两组同面投影相交,且交点符合点的投影规律,则两直线为相交直线;

③ 可利用交点在直线投影上是否符合定比性,来判断两直线是否相交。

3. 两直线交叉

空间中两直线既不平行也不相交则为交叉。其投影特点是:两直线的同面投影可能有平行的,但不会都平行。其同面投影可能有相交的,但交点不符合点的投影规律。如图 3-15 所示。

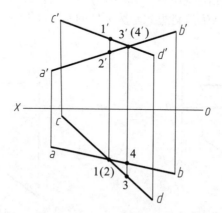

图 3-15　两交叉直线及重影点的可见性判别

交叉直线同面投影的交点是该投影面上重影点的投影,可根据另外一面投影来判别两交叉直线的重影点的可见性。如图 3-15 所示,AB 和 CD 为两交叉直线,其 V 面投影和 H 面投影均相交,但交点不符合点的投影规律,即 ab 和 cd 的交点不是同一个点的投影,而是 AB 上的点 2 和 CD 上的点 1 在 H 面投影的重影。可根据点 1、2 的 V 面投影的 Z 坐标值来判断可见性，$Z_1 > Z_2$，所以点 1 可见，点 2 不可见。同样 $a'b'$ 和 $c'd'$ 的交点是 AB 上的点 4 和 CD 上的点 3 在 V 面投影的重影，根据它们的 H 面的 Y 坐标值来判断，$Y_3 > Y_4$，所以点 3 可见，点 4 不可见。

3.2.7　一边平行于投影面的直角的投影

两条直线在空间是垂直关系，其中的一条直线平行于某投影面，则这两条直线在该投影面上的投影仍然是垂直关系。反过来，两条直线在某投影面上的投影是垂直关系，其中的一条直线又平行于该投影面，则两直线在空间为垂直关系。这一性质称为直角定理。

如图 3-16 所示，若 $AB \perp BC$，$AB /\!/ H$ 面，则有 $ab \perp bc$。反过来，若 $ab \perp bc$，$AB /\!/ H$ 面，则有 $AB \perp BC$。利用直角定理可解决两直线间的垂直关系问题，如作一条直线与另一条直线垂直或判定两直线在空间是否垂直。

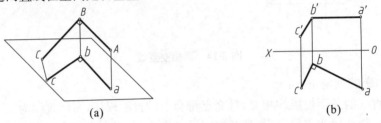

(a)　　　　　　　　　　(b)

图 3-16　一边平行于投影面的直角的投影

可以证明，空间两直线交叉垂直时，直角定理同样成立。

【例 3-6】 已知直线 AB 和点 C 的两面投影如图 3-17(a)所示。AB 为水平线，求点 C 到 AB 的距离。

解　求点到直线的距离，应过已知点向直线作垂线，然后作图求出点到垂足距离的实长。如图 3-17(b)所示，过点 c 向 ab 作垂线得垂足 d，过 d 向上引铅垂线与 $a'b'$ 相交于 d'，连接 c' 与 d'。以 cd 为一直角边，$dD_0 = c'D_1$ 为另一直角边，其中 $c'D_1$ 是 C、D 两点的 Z 坐标差，作出一个直角三角形 cdD_0，斜边 cD_0 为 CD 的实长，CD 之实长即为所求的距离。

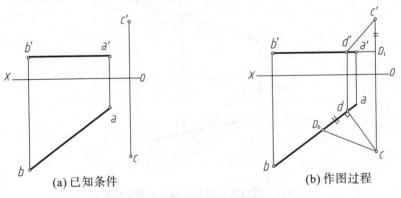

(a)已知条件　　　　　　　　　(b)作图过程

图 3-17　求点到水平线的距离

3.3　平面的投影

平面是直线的集合,所以平面的投影也是直线投影的集合。空间平面的表示方法有:
① 不在同一直线上的三点;② 直线和直线外一点;③ 两条相交直线;④ 两条平行直线;
⑤ 平面多边形(如三角形)。如图 3-18 所示。

根据空间平面与投影面的相对位置,分为一般位置平面和特殊位置平面,其中特殊位置
平面又分为投影面平行面和投影面垂直面。

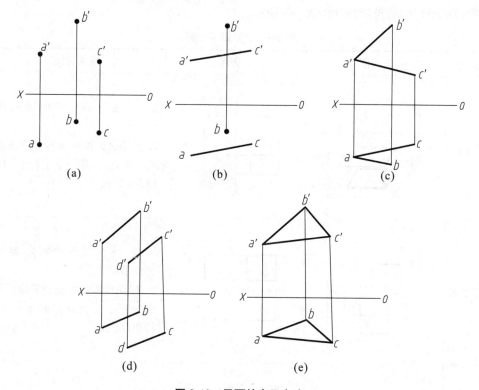

图 3-18　平面的表示方法

3.3.1　一般位置平面的投影

空间平面与三个投影面均倾斜时,称为一般位置平面。如
图 3-19 所示。

由图 3-19 可知,一般位置平面的投影特性是:空间平面在
三个投影面上的投影均为原平面的类似形,既不反映积聚性,也
不反映实际形状和大小。

一般位置平面的判别是:"三面三个框,定是一般位置
平面。"

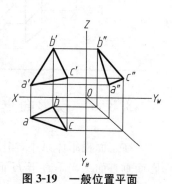

图 3-19　一般位置平面

3.3.2　投影面平行面的投影

在三面投影体系中,当空间平面平行于一个投影面,而和其他两投影面垂直时,称为投影面平行面。当平行于 H 面时,称为水平面;当平行于 V 面时,称为正平面;当平行于 W 面时,称为侧平面。

投影面平行面的投影特性是:平面在所平行的投影面反映实际形状和大小,在另外两投影面上的投影积聚成一条直线,且分别平行于相应的投影轴。

空间投影面平行面的判别是:"一框两直线,一定是平行面,框在哪个面,平行哪个面。"

投影面平行面的投影特性如表 3-3 所示。

表 3-3　投影面平行面

名　称	直观图	投影图	投影特性
水平面			1. H 面投影反映实际形状和大小; 2. V 面投影和 W 面投影均积聚成一条直线,且分别平行于 OX 轴和 OY 轴
正平面			1. V 面投影反映实际形状和大小; 2. H 面投影和 W 面投影均积聚成一条直线,且分别平行于 OX 轴和 OZ 轴
侧平面			1. W 面投影反映实际形状和大小; 2. H 面投影和 V 面投影积聚成一条直线,且分别平行于 OY 轴和 OZ 轴

3.3.3　投影面垂直面的投影

在三面投影体系中,当空间平面垂直于一个投影面,而和其他两投影面倾斜时,称为投影面垂直面。当垂直于 H 面,而和 V、W 面倾斜时,称为铅垂面;当垂直于 V 面,而与 H 面、W 面倾斜时,称为正垂面;当垂直于 W 面,而与 V 面、H 面倾斜时,称为侧垂面。

　　投影面垂直面的投影特性是:平面在所垂直的投影面上积聚成一条和投影轴倾斜的直线,且该直线与投影轴的夹角等于空间平面对两个投影面的倾角。其他两面投影为缩小了的类似形。

　　空间投影面垂直面的判别是:"两框一斜线,定是垂直面,斜线在哪面,垂直哪个面。"

　　投影面垂直面的投影特性如表 3-4 所示。

表 3-4　投影面垂直面

名　称	直观图	投影图	投影特性
正垂面			1. V 面投影积聚成一条和投影轴倾斜的直线,该直线与 X 轴和 Z 轴的夹角分别反映平面与 H 面和 W 面的倾角 α 和 γ; 2. H 面投影和 W 面投影均为类似形
铅垂面			1. H 面投影积聚成一条和投影轴倾斜的直线,该直线与 X 轴和 Y 轴的夹角分别反映平面与 V 面和 W 面的倾角 β 和 γ; 2. V 面投影和 W 面投影均为类似形
侧垂面			1. W 面投影积聚成一条和投影轴倾斜的直线,该直线与 Z 轴和 Y 轴的夹角分别反映平面与 V 面和 H 面的倾角 β 和 α; 2. V 面投影和 H 面投影均为类似形

3.3.4　平面内的点和直线的投影

　　平面内的点和直线是后续章节求立体表面的点、直线的投影、截交线以及相贯线时经常用到的知识。所以应熟练掌握它们的几何性质及作图方法。

　　空间平面上的点和直线的投影应在其同面投影上。

1. 平面内的直线投影

平面内的直线的判定条件:

① 如果直线通过平面上的两点,则该直线必定属于该平面;

② 如果直线通过平面上一点,且平行于该平面内的直线,则该直线必定属于该平面。

平面内取线,必须先取过该直线且属于平面的两点。这是平面投影图上确定直线位置的依据。

如图 3-20(a)所示,点 E 和点 F 均在平面 Q 上,则过这两点的连线 AB 一定在平面 Q 上。如图 3-20(b)所示,△ABC 在平面 Q 内,过点 B 作直线 l 平行于 AC,则直线 l 也在平面 Q 内。

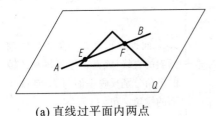 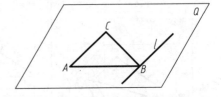

(a) 直线过平面内两点　　　　　　　(b) 直线过平面上一点,且平行于平面内的直线

图 3-20　平面内的直线

【例 3-7】　如图 3-21 所示,已知△ABC 平面的两面投影,在△ABC 上作一条距离 H 面 15 mm 的水平线 n。

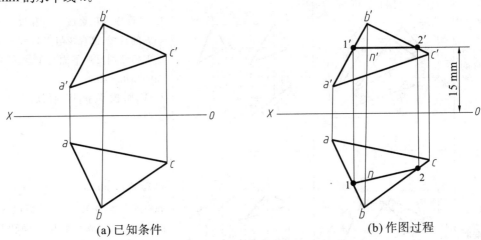

(a) 已知条件　　　　　　　　　　(b) 作图过程

图 3-21　平面内取直线

解　水平线 n 的特点是在 V 面投影平行于 OX 轴。直线 n 距离 H 面 15 mm,则其 V 面投影距离 OX 轴为 15 mm。要保证直线 n 在平面 ABC 内,则首先确定直线 n 上有两点在平面 ABC 内。具体作图步骤如下:

① 在△$a'b'c'$ 内作直线 n',使其平行于 OX 轴,且距离 OX 轴 15 mm,分别交 $a'b'$ 和 $b'c'$ 于点 $1'$ 和点 $2'$;

② 利用直线上点符合从属性和定比性,求出点 1 和点 2,并连接,该直线即为所求的符合条件的直线 n。

2. 平面上的最大斜度线

平面上对投影面倾角最大的直线称为平面上对该投影面的最大斜度线,最大斜度线必垂直于该平面上的投影面平行线和迹线。平面对 H 面的最大斜度线垂直于平面上的水平

线和水平迹线,平面对 V 面的最大斜度线垂直于平面上的正平线和正面迹线,平面对 W 面的最大斜度线垂直于平面上的侧平线和侧面迹线。利用最大斜度线可求出平面对投影面的倾角。平面与 H 面的倾角就是平面对 H 面的最大斜度线与 H 面的倾角,平面与 V 面的倾角就是平面对 V 面的最大斜度线与 V 面的倾角,平面与 W 面的倾角就是平面对 W 面的最大斜度线与 W 面的倾角。

如图 3-22 所示,P 面与 H 面相交于 P_H,CD 为 P 面上的水平线,AB 为 P 面对 H 面的最大斜度线,AB $\perp CD$,$AB \perp P_H$,a 是 A 在 H 面上的投影,α 是 AB 对 H 面的倾角,B_1 是水平迹线 P_H 上的任意一点,α_1 是 AB_1 与 H 面所成的倾角。在直角三角形 ABa 中,$\sin \alpha$ $=Aa/AB$;在直角三角形 AB_1a 中,$\sin \alpha_1 = Aa/AB_1$。又 $\triangle ABB_1$ 为直角三角形,$AB < AB_1$,所以 $\alpha > \alpha_1$。由此可知,在平面 P 上的直线 AB 对 H 面所成的倾角是

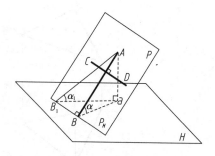

图 3-22 平面内对 H 面的最大斜度线

最大的。由于 $AB \perp P_H$,由直角定理可知,$\angle ABa$ 是 P 与 H 面所形成的二面角,也就是 P 面对 H 面所成的倾角 α。我们已经知道 $\angle ABa$ 是最大斜度线 AB 对 H 面的倾角,所以平面 P 对 H 面的倾角就是平面上 H 面的最大斜度线 AB 对 H 面的倾角。

【例 3-8】 求 $\triangle ABC$ 对 H 面的倾角 α(图 3-23)。

解 求平面 ABC 对 H 面的倾角 α,需先求出平面对 H 面的最大斜度线,再用直角三角形法,求出最大斜度线对 H 面的倾角即为所求。作图步骤如下:

① 过 c' 引 $c'd' /\!/ OX$,交 $a'b'$ 于 d',求出 cd,CD 为 $\triangle ABC$ 内的水平线;

② 过 b 作 $bk \perp cd$,交 cd 于 k,求出 $b'k'$,BK 即为平面对 H 面的最大斜度线;

③ 以 bk 为一直角边,ΔZ_{BK} 为另一条直角边作直角三角形 bkk_0(图中 $kk_0 = \Delta Z_{BK}$),在直角三角形中,斜边 bk_0 与 bk 的夹角为 BK 对 H 面的倾角 α,该 α 角即为所求,作图结果如图 3-23(b)所示。

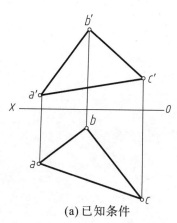

(a) 已知条件

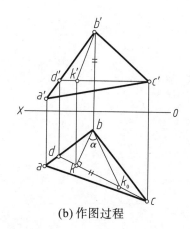

(b) 作图过程

图 3-23 求三角形平面对 H 面的倾角

3. 平面内的点的投影

平面内的点的判定条件:点在平面内的一直线上,则此点必定属于该平面。所以平面内取点,必须先在平面内取直线,然后在直线上取点。这是平面投影图上确定点位置的依据。

【例 3-9】　如图 3-24 所示,已知△ABC 平面上点 M 的 V 面投影 m′,求其 H 面投影 m。

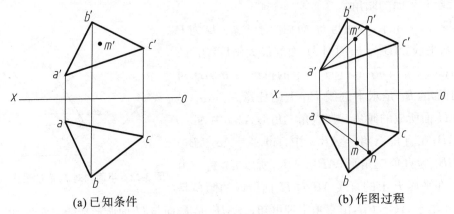

(a) 已知条件　　　　　　　　　　　(b) 作图过程

图 3-24　平面内取点

解　由于点 M 在△ABC 平面上,要求点 M 的 H 面投影,首先要过点 M 作属于平面 ABC 的直线。具体作图步骤如下:

① 在 V 面投影上过 a′和 m′作辅助线,延长交 b′c′于点 n′;

② 利用点在直线上符合从属性和定比性,可求得点 n,连接 a 和 n;

③ 自 m′向下引 OX 轴垂线,与 an 相交于 m,m 即为所求。

第 4 章 体 的 投 影

　　不同造型的建筑形体以及各种结构构件都是由一些简单的几何形体组成的。如图 4-1 所示,房屋由三棱柱和四棱柱组成,室外台阶由两个四棱柱和三个四棱柱叠加而成,杯形基础由四棱柱、四棱台和空心的四棱柱组成,以上组合体都是由基本形体组成的。所以研究建筑形体的投影,首先要研究组成建筑形体的基本形体的投影。基本体可分为平面立体和曲面立体,如图 4-2 所示。其中平面立体是由平面围成的形体,如棱柱、棱锥、棱台等;曲面立体是由平面和曲面或完全由曲面围成的立体,如圆柱、圆锥、圆球和圆环等。

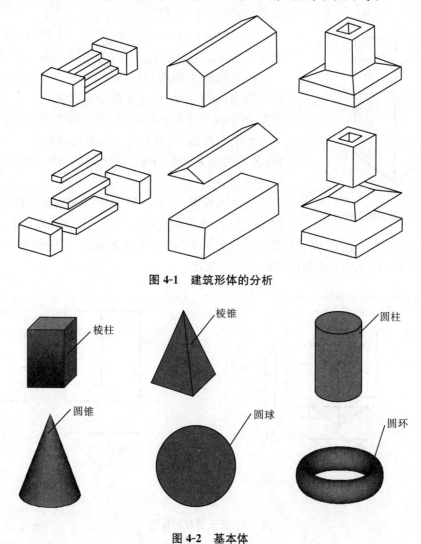

图 4-1　建筑形体的分析

图 4-2　基本体

4.1　平面立体的投影

4.1.1　棱柱体及表面点的投影

1. 棱柱体的投影

棱柱体由若干个侧面和上、下底面组成,其中上、下底面为相互平行的多边形平面,各侧面均是矩形,相邻侧面的公共边称为侧棱,且侧棱是相互平行的。常见的棱柱有三棱柱、五棱柱、六棱柱等。如图 4-3 所示为正三棱柱的组成。

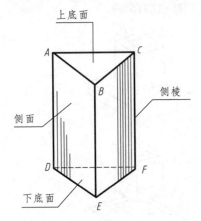

图 4-3　正三棱柱的组成

如图 4-4(a)所示,把正三棱柱放在三面投影体系中,并使其底面平行于 H 面。

该三棱柱的正立面投影:其中一个侧面平行于 V 面,则在 V 面上的投影反映实形;另两个侧面与 V 面倾斜,在 V 面投影为缩小的类似形,并与第一个侧面重合,所以 V 面投影为两个矩形。上、下两个底面垂直于 V 面,则它们在 V 面上投影分别积聚成平行于 OX 轴的直线。

水平面投影:底面平行于水平面,则在 H 面上反映实形;各侧面均垂直于 H 面,则他们的投影积聚在底面三角形的三条边上。

侧立面投影:由于与 V 面平行的侧面垂直于 W 面,在 W 面上的投影积聚成平行于 OZ 轴的直线。上、下底面也垂直于 W 面,则它们在 W 面上的投影均积聚为平行于 OY 轴的直线,另两侧面在 W 面的投影为缩小的重合的矩形。投影图如图 4-4(b)所示。

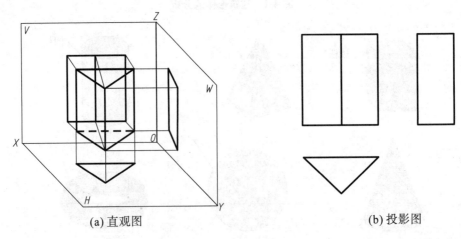

(a) 直观图　　　　　　　　　　　　　(b) 投影图

图 4-4　正三棱柱的投影

如图 4-5 所示为正五棱柱的三面正投影图。

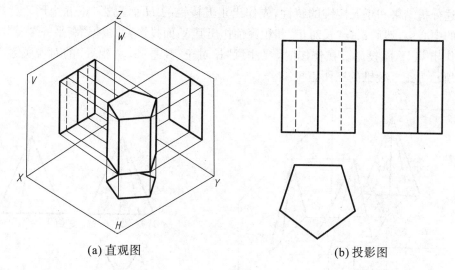

(a) 直观图 　　　　　　　　　(b) 投影图

图 4-5　正五棱柱的投影

2. 棱柱体表面点的投影

由于棱柱体侧棱面均垂直于底面,其水平面投影积聚在底面的多边形上,所以棱柱体侧棱面上点的投影,可以利用积聚性和投影规律来求得。

【例 4-1】　如图 4-6 所示,已知三棱柱表面点 A 的正立面投影 a' 和点 B 的正立面投影 b',求作它们的水平面投影和侧立面投影。

解　分析:a' 可见,点 A 在三棱柱的左前侧面上,该面在水平面投影积聚在水平面投影三角形的一边上,利用积聚性可求得点 A 的水平面投影 a,最后利用点的投影规律和"宽相等"求得 a''。同理分析 b' 不可见,则点 B 在三棱柱的后面上,而后面在水平面投影积聚,在侧立面投影也积聚成一条直线。所以利用积聚性求出 b 和 b''。

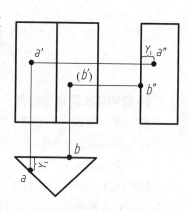

图 4-6　求三棱柱表面的点

4.1.2　棱锥体及表面点的投影

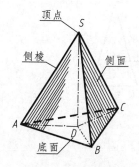

图 4-7　正三棱锥的组成

1. 棱锥体的投影

棱锥体由一个底面和若干个侧面组成,且其棱线相交于一点——顶点。常见的棱锥有三棱锥、四棱锥、五棱锥等。如图 4-7 所示为正三棱锥的组成。

如图 4-8(a)所示,把正五棱锥放在三面投影体系中,并使其底面平行于水平面。底面 $ABCDE$ 在水平面上反映实形,面 SED、SEA、SAB、SBC、SCD 对 V 面均为一般位置平面,所以其正立面投影为类似形;面 SED 为侧垂面,所以其 W 面投影积聚成一直线;棱

线 SA 和 SC 在 W 面投影重合,其余各面在侧立面投影均为类似形。在作五棱锥投影时,应根据上述分析结果和正五棱锥的特性,先作出正五棱锥的 H 面投影(正五边形),并找到正五边形的中心点,然后根据"长对正"和积聚性作出其 V 面投影,并根据"高平齐""宽相等"和积聚性作出其 W 面投影。在作图时,要注意"长对正、高平齐、宽相等"的对应关系。如图 4-8(b)所示为正五棱锥的三面正投影。

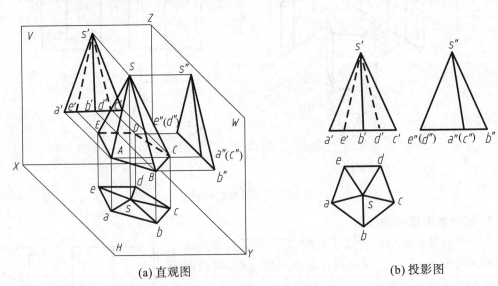

(a) 直观图　　　　　　　　　　　　　　　(b) 投影图

图 4-8　正五棱锥的投影

2. 棱锥体表面点的投影

求棱锥体表面点的投影,可利用平面内取点的方法来求。即首先在侧面内作过点且属于平面的辅助线(通常作过点和棱锥顶点的直线),然后作辅助线的各面投影,从而利用点在直线上符合从属性和定比性来求点的投影。

【**例 4-2**】　如图 4-9(a)所示,已知三棱锥的三面投影,其表面上点 M 的 V 面投影 m' 和点 N 的 H 面投影 n,求这两点的另外两面投影。

解　分析:根据图中所给的点投影,可知道,点 M 和点 N 分别位于三棱锥的侧面 SAB 和 SBC 上,且这两个面都是一般位置平面,它们的各面投影都没有积聚性。为了求 m 和 n',需要在对应的棱锥面上分别作过点 M 和点 N 的辅助线,利用点在直线上的从属性和定比性可求得 m 和 n',然后利用点的投影规律和"宽相等"可求得 m'' 和 n''。具体作图如图 4-9(b)所示。

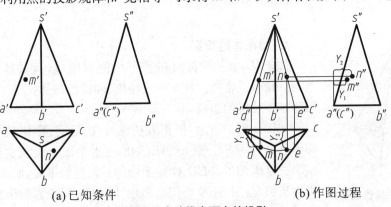

(a) 已知条件　　　　　　　　　　　　　(b) 作图过程

图 4-9　求棱锥表面点的投影

4.2 曲面立体的投影

4.2.1 曲面立体的形成

曲面立体是由曲面围成或由曲面和平面围成的立体。在学习曲面立体投影之前,先认识几个基本概念。

① 回转面:是指直线或曲线绕某一轴线旋转而成的曲面;

② 母线:是形成回转面的直线或曲线;

③ 素线:是回转面上的任意母线;

④ 纬圆:是母线上任意点绕轴线旋转形成曲面上垂直轴线的圆。

常见的曲面立体有圆柱、圆锥、圆球以及圆环等。这些形体的曲表面均可看成是由一根动线绕着一固定轴线旋转形成的,所以这类形体又称为回转体。如图 4-10 所示,图中的固定轴线称为回转轴,动线称为母线。

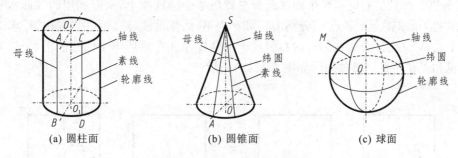

(a) 圆柱面	(b) 圆锥面	(c) 球面

图 4-10 回转面的形成

当母线为直线,且平行于回转轴时,形成的曲面为圆柱面,其中圆柱面上任意一条平行于轴线的直线称为素线,如图 4-10(a)所示;

当母线为直线,且与回转轴相交时,形成的曲面为圆锥面,如图 4-10(b)所示;

当母线为圆,且圆母线绕其直径回转时,形成的曲面为圆球面,如图 4-10(c)所示。

4.2.2 圆柱体及表面点的投影

1. 圆柱体的投影

圆柱由圆柱面和上、下两个相互平行且全等的圆形底面组成。如图 4-11(a)所示,把圆柱放在三面投影体系中,使其轴线垂直于水平面,此时圆柱面在 H 面的投影积聚成圆,且实际形状和大小与底面相同,圆柱在 V 面和 W 面的投影均为矩形。在圆柱的 V 面投影中,上、下底面的投影分别积聚在矩形的上、下边上,圆柱面上最左、最右素线是矩形的左右边。在圆柱的 W 面投影中,上、下底面的投影分别积聚在矩形的上、下边上,圆柱面上最前、最后素线是矩形的前后边。圆柱三面投影展开如图 4-11(b)所示。

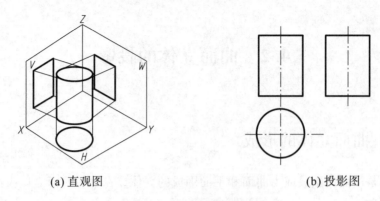

(a) 直观图　　　　　　　　　　　　　　(b) 投影图

图 4-11　圆柱体的投影

2. 圆柱体表面点的投影

求圆柱体表面点的投影,可根据圆柱面投影的积聚性以及点投影的规律来求。即首先根据积聚性求点的投影,然后根据点的投影规律求其第三面投影。

【例 4-3】　如图 4-12(a)所示,已知圆柱的三面投影以及点 A、B 的正立面投影 a'、(b'),求它们的其他两面投影。

解　根据给出的点 A 和点 B 的正立面投影的位置以及 a' 可见,b' 不可见,可以判断点 A 和点 B 分别在圆柱的右侧前半个圆柱面和左侧后半个圆柱面上,从而利用圆柱面水平面投影的积聚性,可求得点 a 和点 b,分别由 a' 和 b' 向 W 面作垂线,然后利用"宽相等"求得 a'' 和 b''。由于点 A 和点 B 分别在圆柱的右侧前半个圆柱面和左侧后半个圆柱面上,所以判断点 a'' 不可见和点 b'' 可见。具体作图如图 4-12(b)所示。

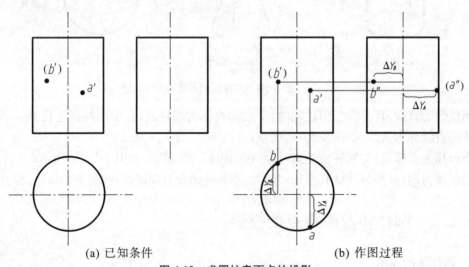

(a) 已知条件　　　　　　　　　　　　　(b) 作图过程

图 4-12　求圆柱表面点的投影

4.2.3 圆锥体及表面点的投影

1. 圆锥体的投影

如图 4-13 所示,圆锥体由圆锥面和底面组成。圆锥面可看成由直线 SA 绕与它相交的轴线 OO_1 旋转而成。S 称为锥顶,直线 SA 称为母线。圆锥面上过锥顶的任一直线称为圆锥面的素线。

如图 4-14(a) 所示,把圆锥体放在三面投影体系中,使其轴线垂直于水平面,底面平行于水平面。则其 H 面投影为圆(反映实形),同时圆锥面的水平面投影与底面的投影重合且均可见。其 V 面投影为圆锥面上最左、最右素线的投影,W 面投影为圆锥面最前、最后素线的投影,底面在 V 面和 W 面上均积聚成直线。圆锥的三面投影展开图如图 4-14(b) 所示。

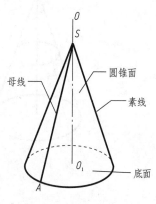

图 4-13 圆锥的形成

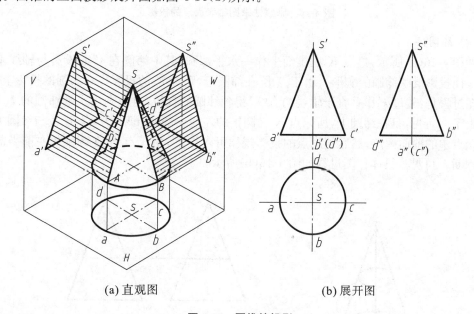

(a) 直观图   (b) 展开图

图 4-14 圆锥的投影

2. 圆锥体表面点的投影

由于圆锥面的三面投影均没有积聚性,所以求圆锥面上点的投影时必须在锥面上作辅助线。辅助线包括辅助素线或辅助纬圆。所以求圆锥面上点的投影有素线法和纬圆法两种。下面介绍这两种作图方法。

(1) 素线法

如图 4-15(a) 所示,过点 N 和顶点 S 作素线 SA,即过 n' 作 $s'a'$,由积聚性和可见性,求得 a,连接 sa,利用点 N 在 SA 上符合从属性和定比性,求得点 n,然后利用点的投影规律求得 n''。具体作图过程如图 4-15(b) 所示。

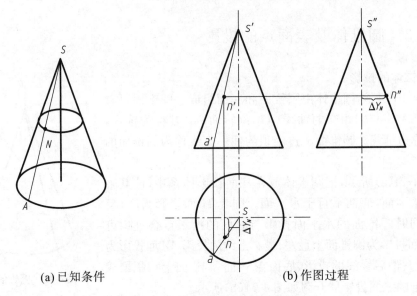

(a) 已知条件   (b) 作图过程

图 4-15 素线法求圆锥表面点的投影

(2) 纬圆法

如图 4-16(a)所示,过点 K 在锥面上作一水平纬圆,其中纬圆在 V 面投影与轴线垂直,而水平面投影反映纬圆的实形。由于点 K 在纬圆上,则点 K 的投影也在纬圆的投影上。具体作图过程是:先过 k' 作垂直于轴线的直线,得到纬圆的直径,对应画出水平纬圆的 H 面投影。由于 k' 可见,且在纬圆上,所以点 K 在圆锥的左前半部分,即 k 为 $k'k$ 连线与纬圆 H 面投影交点中的前面一点;然后利用点的投影规律可求得 k'',由于点 K 在圆锥的左前半部分,所以判断 k'' 可见。具体作图过程如图 4-16(b)所示。

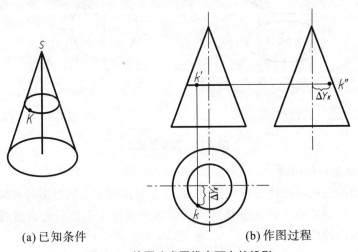

(a) 已知条件   (b) 作图过程

图 4-16 纬圆法求圆锥表面点的投影

4.2.4 圆球及表面点的投影

1. 圆球体的投影

圆球体是由圆球面围成的,球面可看成是由一圆母线绕其直径旋转而成。如图 4-17(a)

所示,把圆球放在三面投影体系中,其三面投影均是与球直径相等的圆,但这 3 个投影圆分别是球体上 3 个不同方向轮廓线的投影。其中 V 面投影是球体上平行于 V 面的最大的圆 B 的投影,圆 B 是前后两个半球可见与不可见的分界线;H 面投影是球体上平行于 H 面的最大的圆 A 的投影,圆 A 是上下两个半球可见与不可见的分界线;W 面投影是球体上平行于 W 面的最大的圆 C 的投影,圆 C 是左右两个半球可见与不可见的分界线。如图 4-17(b)所示为球体的三面正投影。

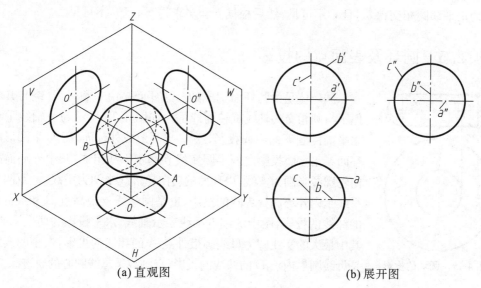

(a) 直观图　　　　　　　　　　　　　　　(b) 展开图

图 4-17　球体的三面正投影

2. 球面上点的投影

由于球面的投影没有积聚性,且球面上任意两点的连线都是曲线,所以求球面上点的投影可利用球面上平行于投影面的辅助圆来解决,即纬圆法。

【**例 4-4**】　如图 4-18 所示,已知球面上 A 点的 V 面投影 a',B 点的 H 面投影 b,求它们的其他两面投影。

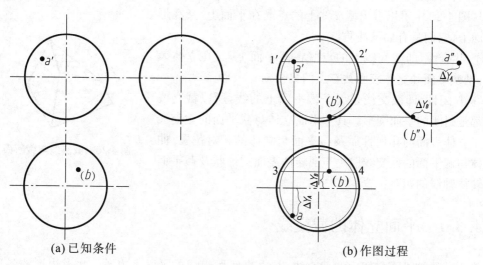

(a) 已知条件　　　　　　　　　　　　　(b) 作图过程

图 4-18　纬圆法求球体表面点的投影

解 分析:由于 a' 可见,所以 A 点在左前半球上,且还在上半球上,故其水平面投影 a 可见,侧立面投影 a'' 也可见。由于 b 不可见,所以 B 点在右后半球上,且还在下半球上,故其正立面投影 b' 不可见,侧立面投影 b'' 也不可见。具体作图步骤如下:

① 过 A 点作水平纬圆,该水平纬圆在正立面投影为弦 $1'2'$,由于 a' 可见,由 a' 向 H 面作垂线与辅助水平纬圆相交得 a,然后根据 a 和 a' 求得 a'',且 a'' 可见;

② 过 B 点作正平纬圆,该纬圆在水平面投影为弦 34,由于 b 不可见,由 b 向 V 面作垂线与辅助正平纬圆相交得 b',且 b' 不可见,然后根据 b 和 b' 求得 b'',且 b'' 不可见。

4.2.5 圆环及表面点的投影

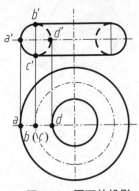

图 4-19 圆环的投影

圆环体是由圆环面围成的。圆环面是由一圆母线,绕与其共面但不与圆相交的轴线旋转而成的。如图 4-19 所示为一轴线垂直于水平面的圆环的两面投影,BAC 半圆形成外环面,BDC 半圆形成内环面。正立面投影由两半圆实线和两水平线组成,其中外环面的转向轮廓线半圆为实线,内环面的转向轮廓线半圆为虚线,上下两条水平线是内外环面分界圆的投影,也是圆母线上最高点 B 和最低点 C 的纬线的投影,图中的细点画线表示轴线;水平投影为两个同心圆,其中最大的实线圆为母线圆最外点 A 的纬线的投影,最小的实线圆是母线圆最内点 D 的纬线的投影,点画线是母线圆心的轨迹。

4.3 截 交 线

平面与立体相交即为平面截切立体,其中截切立体的平面称为截平面,截平面与立体表面的交线称为截交线,因截平面的截切,在形体上形成的平面称为截断面,如图 4-20 所示。

从图 4-20 中可以看出截交线上的点既在平面上,又在形体表面上,它们具有如下性质:

① 共有性,即截交线上的点既在截平面上,又在立体表面上,是截平面和立体表面共有点的集合。

② 封闭性,即截交线是属于截平面上的线,所以截交线一般都是封闭的平面图形。其中平面立体与截平面的截交线取决于立体表面的几何性质及截平面与立体的相对位置;曲面立体与截平面的截交线取决于回转体表面的形状及截平面与回转体轴线的相对位置。

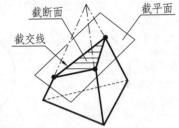

图 4-20 截交线与截断面

4.3.1 平面立体的截交线

平面立体被平面截切后的截交线,是由直线段组成的平面多边形。此多边形的各边是立体表面与截平面的交线,顶点是立体各棱线与截平面的交点。截交线既在立体表面上,又在截平面上,所以是立体表面和截平面的共有线,截交线上的各顶点是截平面与立体各棱线的共有点,所以,求截交线实际是求截平面与立体各棱线的交点。在实际作图时,常用交点法。交点连成截交线的原则是:位于立体同一表面上的两点才能相连,可见表面上的连线为实线,不可见表面上的连线则为虚线。

1. 棱柱体的截交线

【例 4-5】　如图 4-21(a)所示为五棱柱被正垂面所截切,求作截交线的水平投影和侧立面投影。

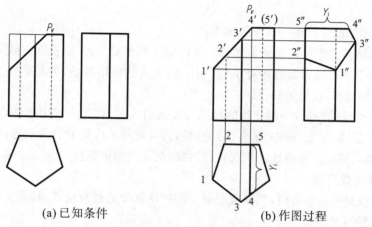

(a)已知条件　　　　　　　　(b)作图过程

图 4-21　正五棱柱的截切

解　由于 P 为正垂面,所以截交线的正立面投影与 P_V 重合。截平面 P 与五棱柱的四个侧面相交,截交线是五边形,五边形的 1、2、3 点分别是 P 面与五棱柱的三条棱线的交点,而 4 和 5 点根据其正立面投影的可见性,可判断它们分别在五棱柱的后面和右前面上,根据五棱柱水平面投影的积聚性,可求得 4 和 5 点,从而利用点的投影规律和从属性,可求得 1″、2″、3″、4″和 5″。将各点的 H 面投影和 W 面投影依次连接起来,即得到截交线的水平面投影和侧立面投影。

2. 棱锥体的截交线

【例 4-6】　如图 4-22(a)所示为三棱锥被正垂面所截切,求作截交线的水平面投影和侧立面投影。

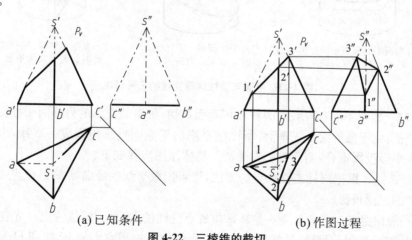

(a)已知条件　　　　　　　　(b)作图过程

图 4-22　三棱锥的截切

解　由于截平面是正垂面,所以截交线的正面投影积聚为一条直线,截平面 P 与三棱锥的三个侧面相交,故截交线的形状为三角形,其三个顶点分别是截平面 P 与三条棱线 SA、SB、SC 的交点 1、2、3 点,利用点在直线上符合从属性和定比性可得到 $1'$、$2'$ 和 $3'$。利用点的投影规律可求得 $1''$、$2''$、$3''$。然后依次连接。从而可得到三棱锥被正垂面截切的截交线的水平面投影和侧立面投影。

4.3.2　曲面立体的截交线

求曲面立体的截交线的一般步骤如下:

① 分析回转体的形状以及截平面与回转体轴线的相对位置,以便确定截交线的形状。

② 分析截平面与投影面的相对位置,利用截交线的投影特性,如积聚性、类似性等,找出截交线的已知投影,预见未知投影。

③ 画出截交线的投影,当截交线的投影为非圆曲线时,首先应求出特殊点,即控制截交线形状的点,如最高、最低、最左、最右、最前、最后、可见与不可见的分界点等;然后求中间一般位置的点;最后将各点平滑地连接起来,并判断截交线的可见性。

1. 圆柱体的截交线

当圆柱体被截平面截切时,根据截平面与圆柱体轴线的相对位置,其截交线可分为如图4-23 所示的三种情况。

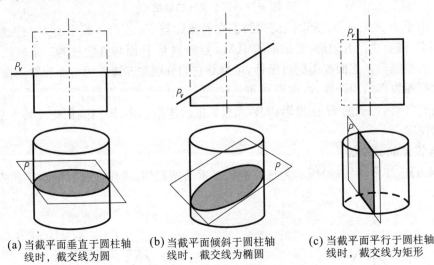

(a) 当截平面垂直于圆柱轴　　(b) 当截平面倾斜于圆柱轴　　(c) 当截平面平行于圆柱轴
　　线时,截交线为圆　　　　　　线时,截交线为椭圆　　　　　线时,截交线为矩形

图 4-23　平面与圆柱体截交线的三种情况

【例 4-7】　如图 4-24(a)所示,圆柱被正垂面截切,求出截交线的另外两个投影。

解　分析:由于截平面是正垂面,所以截平面的正立面投影积聚成一直线,水平面投影与圆柱的水平面投影重合,侧面投影为椭圆。具体作图步骤如下:

① 求特殊点。根据圆柱表面取点的方法,可求出截交线的最高点 5、最低点 1 和最前点3、最后点 7 的三面投影。

② 求一般位置点。点 2、8、4、6 是特殊位置点之间的点,为一般位置点。先在 V 面确定它们的位置,然后根据积聚性、从属性和点的投影规律可求得它们的 W 面和 H 面投影。并判断它们的可见性。

③ 依次用平滑的曲线连接各点,即为所求的截交线在侧立面的投影。具体作图过程如图4-24(b)所示。

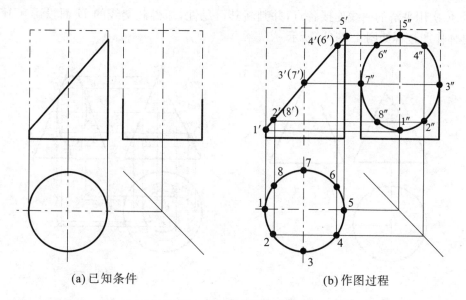

(a) 已知条件   (b) 作图过程

图 4-24 平面截切圆柱的截交线

2. 圆锥体的截交线

当平面截切圆锥时,根据截平面与圆锥体的相对位置不同,截交线的形状主要有以下四种情况,如图 4-25 所示。

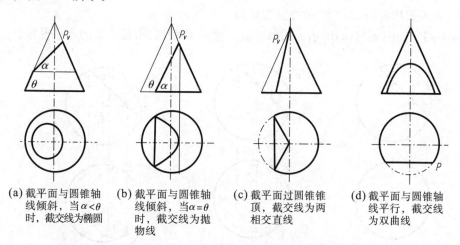

(a) 截平面与圆锥轴线倾斜,当 $\alpha < \theta$ 时,截交线为椭圆

(b) 截平面与圆锥轴线倾斜,当 $\alpha = \theta$ 时,截交线为抛物线

(c) 截平面过圆锥锥顶,截交线为两相交直线

(d) 截平面与圆锥轴线平行,截交线为双曲线

图 4-25 平面与圆锥体的截交线

【例 4-8】 如图 4-26(a)所示为圆锥被正垂面截切,求出截交线的另外两个投影。

解 分析:圆锥被正垂面截切,且截平面和圆锥轴线倾斜,所以截交线在 V 面投影积聚成一直线,H 面和 W 面投影为椭圆。具体作图步骤如下:

① 求特殊点。截交线的最低点 1 点、最高点 2 点是椭圆长轴的端点,也是与圆锥最左和最右素线的交点,7、8 两点是截平面与圆锥最前和最后素线的交点,利用从属性和积聚性可求出它们的 H 面投影和 W 面投影。

② 求一般位置点。在特殊点之间取一般位置的点 3、4、5、6,过 $3'(4')$、$5'(6')$ 向 H 面作

垂线,利用纬圆法可求出它们的 H 面投影,然后根据 3、4、5、6 和 $3'(4')$、$5'(6')$ 可求出它们的 W 面投影。

③ 依次用平滑的曲线连接各点,并判断其可见性,即得截交线的 H 面投影和 W 面投影。具体作图过程如图 4-26(b) 所示。

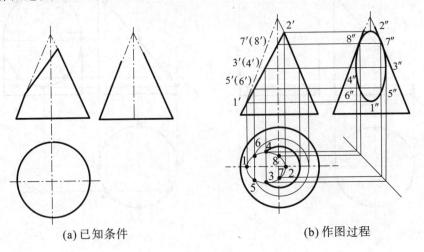

(a) 已知条件　　　　　　　　　　(b) 作图过程

图 4-26　截平面与圆锥轴线倾斜时的截交线

3. 圆球体的截交线

平面截切圆球体,不论截平面的位置如何,截交线的形状均为圆。当截平面平行或垂直于投影面时,截交线的投影反映实形或积聚成一直线,该直线的长度为截交线圆的直径;当截平面倾斜于投影面时,截交线的投影为椭圆。

【例 4-9】　如图 4-27(a) 所示为圆球体被正垂面 P 截切,求截交线的水平投影。

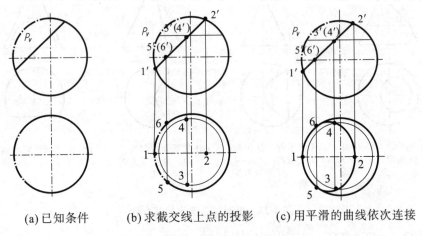

(a) 已知条件　　　(b) 求截交线上点的投影　　　(c) 用平滑的曲线依次连接

图 4-27　正垂面截切圆球的截交线

解　分析:截平面为正垂面,其 V 面投影积聚成一直线,且与截交线的 V 面投影重合,截交线的 H 面投影为椭圆。具体作图步骤如下:

① 求特殊点。1、2 点是截交线上的最低点和最高点,且是截交线(H 面投影是椭圆)轴上的两端点,其水平投影 1、2 利用积聚性可直接求出,5、6 点是截交线上的最前点和最后点,其水平投影 5、6 利用积聚性可直接求出。

② 求一般位置点。采用纬圆法求一般位置点的投影,在截交线 V 面投影取一对重影点 $3'$ 和 $(4')$,过 $3'$ 和 $(4')$ 作水平纬圆,从而求得它们的水平投影 3、4。

③ 依次用平滑的曲线连接 H 面投影。如图 4-27(b) 和图 4-27(c) 所示。

注意:当求截交线投影(椭圆)上点的某一面投影后,应尽量求出其长短轴的对称点,这样有利于绘图。

4.4　相　贯　线

相贯线是指两立体相交时,表面产生的交线,如图 4-28 所示。

由图可知,相贯线具有如下特性:

① 表面性,即相贯线都在两相交立体的表面上;

② 共有性,即相贯线上的点是两相交立体的共有点,所以相贯线是两相交立体的共有线;

③ 闭合性,即相贯线一般是封闭的空间折线或空间曲线,只有当两立体共有一个表面时,相贯线才不闭合。

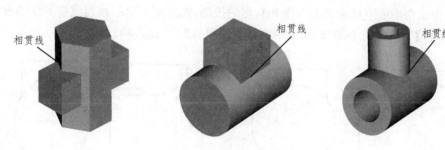

图 4-28　相贯线的形成

求相贯线的一般步骤:

① 分析形体。分析两相贯体的特征、相对位置,研究它们哪些部分参与相贯以及相贯的方式。

② 求相贯点。首先求出特殊点,特殊点一般是相贯线上处于极端位置的点,如最低、最高、最前、最后、最左、最右,然后在特殊位置点之间插入若干一般位置点。

③ 用折线或平滑的曲线按一定的次序连接相贯点。

④ 判别相贯线的可见性。判别的方法:当相贯线位于两立体可见表面上时,则相贯线可见,否则不可见。

4.4.1　平面立体的相贯线

两平面立体的相贯线一般是封闭的空间折线。

【例 4-10】　求作如图 4-29(a) 所示的烟囱与屋面的相贯线。

解　在侧面投影中直接标注出 a''、b''、(c'')、(d''),根据投影特性即可求出 a'、b'、c'、d',如图 4-29(b) 所示。

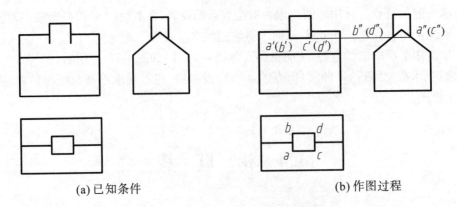

(a) 已知条件　　　　　　　　　　　(b) 作图过程

图 4-29　烟囱与屋面相贯线的画法

4.4.2　曲面立体的相贯线

两曲面立体相交,其相贯线一般情况下是封闭的空间曲线,特殊情况下可以是平面曲线或直线。相贯线的空间形状通常取决于两曲面立体的形状、大小以及它们之间的相对位置,相贯线的投影形状还取决于它们对投影面的相对位置。在求作两曲面立体相贯线投影时,一般是先作出两曲面立体表面上若干共有点的投影,然后用平滑的线连成相贯线的投影。

【例 4-11】 求如图 4-30(a)所示两圆柱面相贯线的 V 面投影。

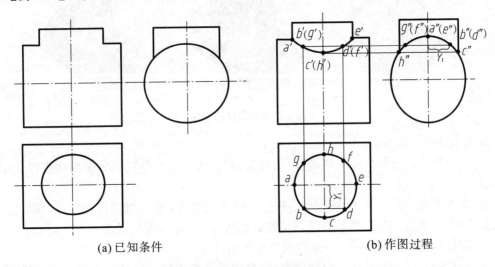

(a) 已知条件　　　　　　　　　　　(b) 作图过程

图 4-30　两圆柱面相贯线的画法

解　分析:两圆柱体相贯,且两相贯体前后左右对称,相贯线也前后左右对称。相贯线在 H 面和 W 面均积聚。首先取特殊位置的点,点 A、点 E 是相贯线上最左和最右位置的点,点 C 是相贯线上最前位置的点,在 H 面投影图上取 a、c、e,利用积聚性和点的投影规律可求得以上三点的 V 面投影和 W 面投影;然后取一般位置点 B、G、D 和 F,利用积聚性和点的投影规律可求得 B、G、D 和 F 点的 W 面投影和 V 面投影;最后用平滑的曲线依次连接 a'、b'、c'、d' 和 e' 点,该曲线即为所求的相贯线在 V 面的投影。具体作图过程如图 4-30(b)所示。

第 5 章　轴测投影

5.1　轴测图的基本知识

　　三面正投影图能准确地表达建筑形体的形状和大小,且作图简便、度量性好,但缺乏立体感,未经专门训练的人很难看懂。为了帮助读图者理解三面正投影图,在工程中常使用轴测图作为辅助图样。轴测图是一种单面投影图,富有立体感。但作图复杂、度量性差。如图5-1所示。

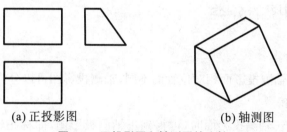

(a) 正投影图　　　　　　　　　　　(b) 轴测图

图 5-1　正投影图和轴测图的比较

5.1.1　轴测图的形成

　　将形体连同确定它空间位置的直角坐标系一起,用平行投影法,沿不平行任一坐标面的方向 S 投射到一个投影面 P 上,所得到的投影称为轴测投影,如图5-2所示。用这种方法画出的图称为轴测投影图,简称轴测图。其中,投影方向 S 为投射方向。投影面 P 称为轴测投影面,形体上的原坐标轴 OX、OY、OZ 在轴测投影面 P 上的投影 O_1X_1、O_1Y_1、O_1Z_1 称为轴测轴。

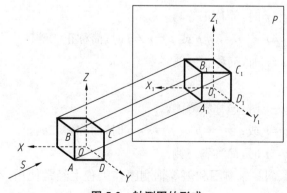

图 5-2　轴测图的形成

轴测轴之间的夹角 $\angle X_1 O_1 Y_1$、$\angle Y_1 O_1 Z_1$、$\angle X_1 O_1 Z_1$ 称为轴间角。如图 5-2 所示。

轴测轴上某段长度与它的实长之比,称为轴向伸缩系数。常用字母 p、q、r 来分别表示 OX、OY、OZ 轴的轴向伸缩系数。

5.1.2　轴测投影的特性

轴测投影采用的是平行投影法,具有平行投影的一切特性:

① 平行性。互相平行的线段的轴测投影仍互相平行。因此,形体上与坐标轴平行的线段,其轴测投影必然平行于相应的轴测轴,且其伸缩系数与相应的轴向伸缩系数相同。

② 定比性。互相平行的两线段长度之比,等于它们的轴测投影长度之比。因此,形体上平行于坐标轴的线段,其轴测投影长度与实长之比,等于相应的轴向伸缩系数。另外,同一直线上的两线段长度之比,与其轴测投影长度之比也相等。

③ 显实性。形体上平行于轴测投影面的直线和平面,在轴测图上反映实长和实形。因此,可选择合适的轴测投影面,使形体上的复杂图形与之平行,可简化作图过程。

5.1.3　轴测图的分类

1. 按投射方向分类

按照投射方向和轴测投影面相对位置的不同,轴测投影图可以分为以下两类。

(1) 正轴测投影图

投射方向 S 垂直于轴测投影面时,可得到正轴测投影图,简称正轴测图。此时,3 个坐标平面均不平行于轴测投影面。

(2) 斜轴测投影图

投射方向 S 不垂直于轴测投影面时,可得到斜轴测投影图,简称斜轴测图。为简化作图,一般选一个坐标平面平行于轴测投影面,如选 XOY 坐标平面平行于轴测投影面可得到水平斜轴测投影图,选 XOZ 坐标平面平行于轴测投影面可得到正面斜轴测投影图。

2. 按轴向伸缩系数分类

在上述两类轴测投影图中,按照轴向伸缩系数的不同,又有如下分类。

(1) 正轴测图

正等轴测图:$p=q=r$ 时,简称正等测。

正二轴测图:$p=q \neq r$ 或 $q=r \neq p$ 或 $p=r \neq q$ 时,简称正二测。

正三轴测图:$p \neq q \neq r$ 时,简称正三测。

(2) 斜轴测图

斜等轴测图:$p=q=r$ 时,简称斜等测。

斜二轴测图:$p=q \neq r$ 或 $q=r \neq p$ 或 $p=r \neq q$ 时,简称斜二测。

斜三轴测图:$p \neq q \neq r$ 时,简称斜三测。

其中,正等轴测图、斜二轴测图和斜等轴测图在工程上经常使用,本章主要介绍这三种轴测图。

5.2　正等轴测图

当投射方向 S 垂直于轴测投影面 P,并且 3 个坐标轴的轴向伸缩系数均相等时,所得到的投影图是正等轴测投影图,简称正等测。

5.2.1　正等轴测图的轴间角和轴向伸缩系数

当投射方向 S 垂直于轴测投影面 P,并且 3 个坐标轴的轴向伸缩系数均相等时,3 个坐标轴 OX、OY、OZ 与轴测投影面 P 倾角相等,投影三角形 $X_1Y_1Z_1$ 为等边三角形,如图 5-3(a)所示。根据几何知识,可以得到正等轴测图的轴向伸缩系数 $p=q=r=0.82$,轴间角 $\angle X_1O_1Y_1 = \angle Y_1O_1Z_1 = \angle X_1O_1Z_1 = 120°$。为简化作图,习惯上把 O_1Z_1 轴画成铅垂位置,如图 5-3(b)所示。

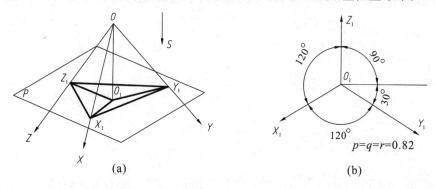

图 5-3　正等轴测图的轴间角和轴向伸缩系数

在工程实践中,为方便作图,常简化伸缩系数,取 $p=q=r=1$,这样可以直接按实际尺寸作图,但是画出的图形比原轴测图要大些,各轴向长度均放大 $1/0.82\approx1.22$ 倍,如图5-4所示。

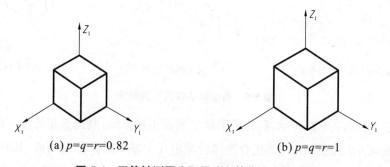

(a) $p=q=r=0.82$　　　　　　　(b) $p=q=r=1$

图 5-4　正等轴测图实际画法和简化画法的对比

5.2.2　正等轴测图的常用画法

正等轴测图的常用画法有坐标法、叠加法、切割法和端面法。在实际作图中,应根据形体特点的不同灵活采用。为了使图形清晰,作图时应尽量减少不必要的辅助线,一般先从可见部分作图。同时,要合理利用轴测图的特性,比如平行性等来简化作图。

1. 平面体正等轴测图的画法

【例 5-1】 如图 5-5(a)所示,已知某形体的两面正投影图,画出其正等轴测图。

解 本题可采用坐标法,即先根据各点的坐标定出其投影,然后依次连线,再形成形体投影。

首先想象空间形体,可知形体底面与水平面相重合,先通过坐标法确定底面及顶面上的 8 个端点后,连接各点即可作出轴测图。作图过程如下:

① 在两面正投影图上选定坐标轴,如图 5-5(a)所示;

② 如图 5-5(b)所示,画出正等轴测投影轴,按尺寸 a、b,画出底面的轴测投影;

③ 过底面各端点的轴测投影,沿 O_1Z_1 方向,向上作直线,分别截取高度 h_1 和 h_2,可得到形体顶面各端点的轴测投影,如图 5-5(c)所示;

④ 连接顶面各端点,画出顶面轴测投影图,可得到形体的轮廓,如图 5-5(d)所示;

⑤ 擦去多余线,把轮廓线加深,即完成形体的正等轴测投影图,如图 5-5(e)所示。

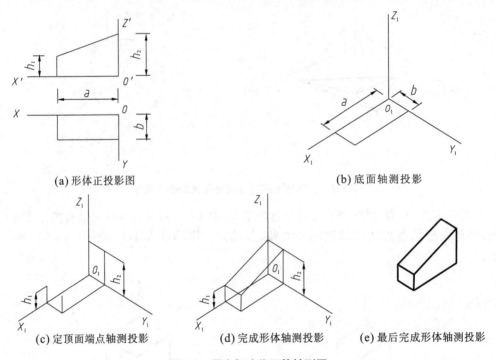

(a) 形体正投影图   (b) 底面轴测投影

(c) 定顶面端点轴测投影   (d) 完成形体轴测投影   (e) 最后完成形体轴测投影

图 5-5 用坐标法作正等轴测图

【例 5-2】 如图 5-6(a)所示,已知某形体的两面正投影图,画出其正等轴测图。

解 本题可采用叠加法,即将组合形体看成由几个基本形体叠加而成,其轴测图可分解为几个基本形体轴测图的叠加。作图时,要注意各部分的相对关系,选择合适的顺序。

首先想象空间形体,由投影图可知,该形体是由上下两个长方体叠加而成的,两个长方体均为前后、左右对称。可选结合面中心为坐标原点建立坐标系,然后利用对称性和坐标法定出形体底面及顶面的投影,相连即可。作图过程如下:

① 在两面正投影图上选定坐标轴,如图 5-6(a)所示;

② 如图 5-6(b)所示,画出正等轴测投影轴,按对应尺寸画出下部长方体顶面的轴测投影及上部长方体底面的轴测投影;

③ 过下部长方体顶面的轴测投影向下加上高度,得下部长方体的正等测图,如图5-6(c)所示;

④ 过上部长方体底面的轴测投影向上加上高度,得上部长方体的正等测图,如图5-6(d)所示;

⑤ 擦去多余线,把轮廓线加深,即完成组合形体的正等轴测投影图,如图 5-6(e)所示。

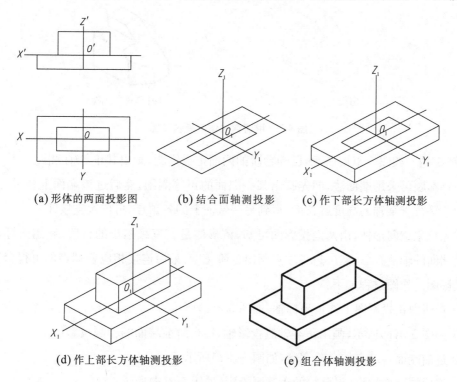

(a) 形体的两面投影图　　　(b) 结合面轴测投影　　　(c) 作下部长方体轴测投影

(d) 作上部长方体轴测投影　　　　　(e) 组合体轴测投影

图 5-6　用叠加法作正等轴测图

【**例 5-3**】　如图 5-7(a)所示,已知某形体的三面正投影图,画出其正等轴测图。

解　本题可采用切割法。首先想象空间形体,由投影图可知,该形体可看成是一个长方体被切去三部分而形成的,先被正垂面切去左上角,再被水平面和正平面切去前上角,最后被铅垂面切去左前角。作图过程如下:

① 在两面正投影图上选定坐标轴,如图 5-7(a)所示;

② 如图 5-7(b)所示,画出正等轴测投影轴,先作长方体的轴测投影,再切去左上角;

③ 如图 5-7(c)所示,再切去前上角;

④ 如图 5-7(d)所示,最后切去左前角;

⑤ 擦去多余线,把轮廓线加深,即完成组合形体的正等轴测投影图,如图 5-7(e)所示。

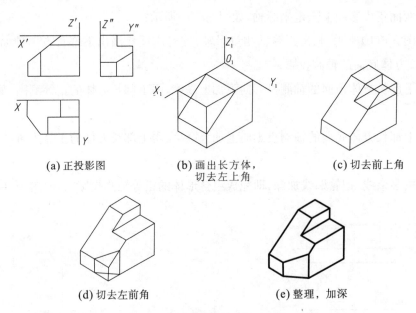

(a) 正投影图　　　(b) 画出长方体，　　　(c) 切去前上角
　　　　　　　　　　切去左上角

(d) 切去左前角　　　　　　　(e) 整理，加深

图 5-7　用切割法作正等轴测图

【例 5-4】　如图 5-8(a)所示，已知台阶的两面正投影图，画出其正等轴测图。

解　本题可采用端面法，即先画出某一端面的正等测图，然后过该端面上各可见顶点，依次加上平行于某轴的高度或长度，得到另一端面上的各顶点，再依次连接即可。

首先想象空间形体，由两面投影图可知，该形体是有三级踏步的台阶，利用坐标法先绘台阶前端面的轴测投影，然后过各端点画出台阶宽度，最后连接相应各端点即可得台阶的正等测投影图。作图过程如下：

① 在两面正投影图上选定坐标轴，如图 5-8(a)所示；

② 如图 5-8(b)所示，画出正等轴测投影轴，绘台阶前端面的轴测投影；

③ 过前端面各端点加台阶宽度，如图 5-8(c)所示；

④ 连后端面各端点，得台阶的正等测投影，如图 5-8(d)所示；

⑤ 擦去多余线，把轮廓线加深，即完成台阶的正等轴测投影图，如图 5-8(e)所示。

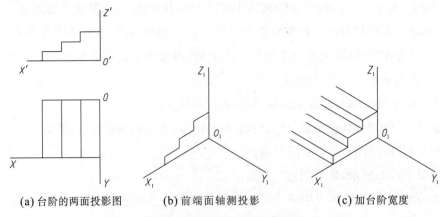

(a) 台阶的两面投影图　　　(b) 前端面轴测投影　　　(c) 加台阶宽度

图 5-8　用端面法作正等轴测图

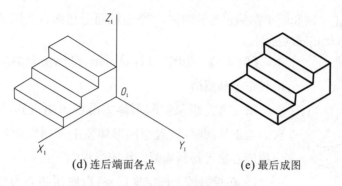

(d) 连后端面各点　　　　　(e) 最后成图

图 5-8　用端面法作正等轴测图(续)

2. 曲面体正等轴测图的画法

在工程中经常会遇到曲面立体,也就不可避免地会遇到圆与圆弧的轴测画法。为简化作图,在绘图中,一般使圆所处的平面平行于坐标面,从而可以得到其正等轴测投影为椭圆。作图时,一般以圆的外切正方形为辅助线,先画出其轴测投影,再用四心法近似画出椭圆。现以水平圆为例,介绍其正等轴测图的画法。作图过程如下:

① 在已知正投影上,选定坐标原点和坐标轴,作出圆的外切正方形,定出外切正方形与圆的 4 个切点,如图 5-9(a)所示。

② 画正等轴测轴和圆外切正方形的轴测投影,如图 5-9(b)所示。

③ 以 O_0 为圆心,O_0a_1 为半径作圆弧 a_1b_1;以 O_2 为圆心,O_2c_1 为半径作圆弧 c_1d_1,如图 5-9(c)所示。

④ 连接菱形长对角线,与 O_0a_1 交于 O_3,与 O_2c_1 交于 O_4。以 O_3 为圆心,O_3a_1 为半径作圆弧 a_1d_1;以 O_4 为圆心,O_4c_1 为半径作圆弧 c_1b_1,如图 5-9(d)所示。以 4 段圆弧组成的近似椭圆,即为所求圆的正等测投影。

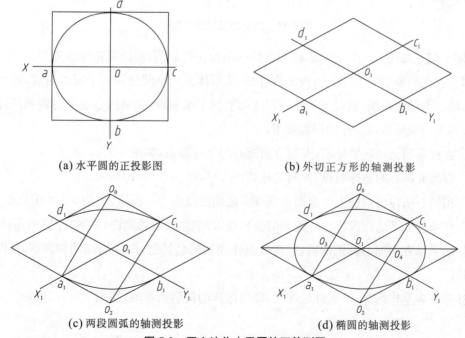

(a) 水平圆的正投影图　　　　　(b) 外切正方形的轴测投影

(c) 两段圆弧的轴测投影　　　　　(d) 椭圆的轴测投影

图 5-9　四心法作水平圆的正等测图

同理可作出正平圆和测平圆的正等轴测图,3 个坐标面上相同直径圆的正等测图,如图 5-10 所示,均为形状相同的椭圆。

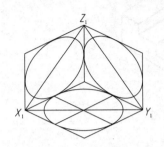

图 5-10　3 个坐标面上相同直径圆的正等测

【例 5-5】　如图 5-11(a)所示,已知圆台的两面正投影图,画出其正等轴测图。

解　首先想象空间形体。由投影图可知,该形体是一个圆台。绘正等测时,放置空间形体使上下两底面均平行于水平面,应用四心法可得到椭圆。作图过程如下:

① 在投影图上选定坐标系,以底面圆心为坐标圆点,作圆的外切正方形,如图 5-11(a)所示;

② 用四心法作出上下底面的投影——椭圆,如图 5-11(b)所示;

③ 作上下底面投影——椭圆的公切线,即成形体的轴测图,如图 5-11(c)所示;

④ 擦去多余线,加重外轮廓线,即得形体的最后正等测,如图 5-11(d)所示。

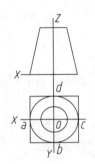 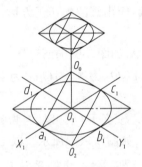 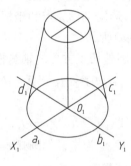 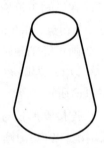

(a) 圆台的正投影图　　(b) 上下底圆的轴测投影　　(c) 圆台的轴测投影　　(d) 圆台的最后轴测投影

图 5-11　圆台的正等轴测投影

【例 5-6】　如图 5-12(a)所示,已知形体的两面正投影图,画出其正等轴测图。

解　首先想象空间形体。由投影图可知,该形体由一个圆柱和一个圆锥组成,可利用叠加法作图。为便于作图,放置形体使圆形底面平行于水平面,应用四心法可得到椭圆,向上、下加上高度后便可成图。作图过程如下:

① 在投影图上选定坐标系,以结合面圆心为坐标圆点,如图 5-12(a)所示;

② 以底面圆心为坐标圆点,作圆的外切正方形,如图 5-12(b)所示;

③ 用四心法作出圆柱上下底面及圆锥下底面的投影——椭圆,如图 5-12(c)所示;

④ 作圆柱上下底面投影——椭圆的公切线,即成圆柱的轴测图,如图 5-12(d)所示;

⑤ 沿 Z 轴方向加上圆锥的高度,过顶点作椭圆的公切线,即成圆锥的轴测图,如图 5-12(d)所示;

⑥ 擦去多余作图线,加重外轮廓线,即得形体的最后正等测,如图 5-12(e)所示。

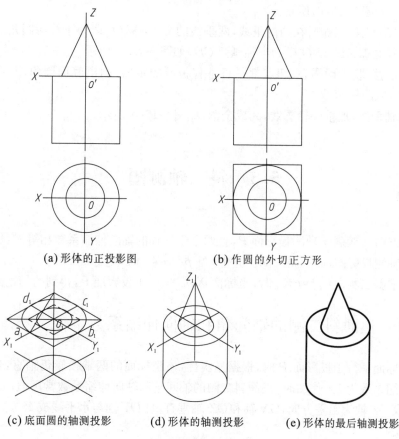

(a) 形体的正投影图   (b) 作圆的外切正方形

(c) 底面圆的轴测投影   (d) 形体的轴测投影   (e) 形体的最后轴测投影

图 5-12　形体的正等轴测投影

【**例 5-7**】　如图 5-13(a)所示,已知形体的两面正投影图,画出其正等轴测图。

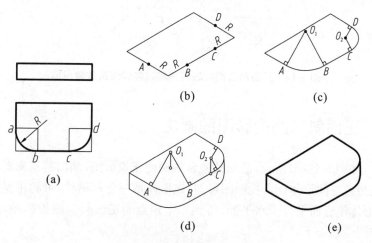

图 5-13　圆角的正等轴测投影

　解　圆角是圆的四分之一,在轴测图上是椭圆的一部分,可用四心法中的一段圆弧来近似画出。作图过程如下:

　① 在水平投影图中标出切点 a、b、c、d,如图 5-13(a)所示。

　② 作出长方体顶面长方形的正等测图,并从顶面的顶点向两边量取圆角半径 R 长度得

A、B、C、D 点,如图 5-13(b)所示。

③ 过 A、B、C、D 点作所在边的垂线,两垂线的交点 O_1、O_2 即为正等测圆角的圆心。并以 O_1A 为半径画弧 AB,以 O_2C 为半径画弧 CD,如图 5-13(c)所示。

④ 用移心法(将顶面圆心、切点都平行下移板厚的距离)画出底面圆角,并作公切线和棱线,如图 5-13(d)所示。

⑤ 擦去辅助线,加重外轮廓线,完成全图,如图 5-13(e)所示。

5.3　斜二轴测图

当投射方向 S 倾斜于轴测投影面 P,且两个坐标轴的轴向伸缩系数相等时,所得到的投影图是斜二轴测投影图,简称斜二测。其中,当 $p=q\neq r$ 时,坐标面 XOY 平行于投影面 P,得到的是水平斜二测;当 $p=r\neq q$ 时,坐标面 XOZ 平行于投影面 P,得到的是正面斜二测。

5.3.1　正面斜二测的轴间角和轴向伸缩系数

当某坐标面平行于投影面 P 时,根据显实性,该坐标面的两轴投影仍垂直,且两个坐标轴的轴向伸缩系数为1。作图时,正面斜二测的轴间角和轴向伸缩系数常用值,如图 5-14 所示,一般也取 OZ 轴为铅垂方向,OX 轴和 OZ 轴垂直,且 OY 轴与水平线成 $45°$,为简化作图,常取 $q=0.5$。

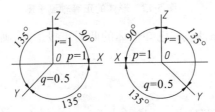

图 5-14　正面斜二测的轴间角和轴向伸缩系数常用值

5.3.2　正面斜二测投影图的画法

【例 5-8】　如图 5-15(a)所示,已知某棱台的两面正投影图,画出其正面斜二测图。

解　首先想象空间形体。由投影图可知,该形体是一个六棱柱,可利用坐标法作图。根据题意,放置形体使底面平行于水平面,得到 6 个顶点的正面斜二测投影后,向上加上高度便可成图。作图过程如下:

① 在投影图上选定坐标系,如图 5-15(a)所示;

② 作出棱柱底面的正面斜二测,如图 5-15(b)所示;

③ 在棱柱底面的 6 个顶点上加上高度,如图 5-15(c)所示;

④ 连接顶面 6 个顶点的轴测投影,即成棱柱的正面斜二测图,如图 5-15(d)所示;

⑤ 擦去多余作图线,加重外轮廓线,即得形体的最后斜二测图,如图 5-15(e)所示。

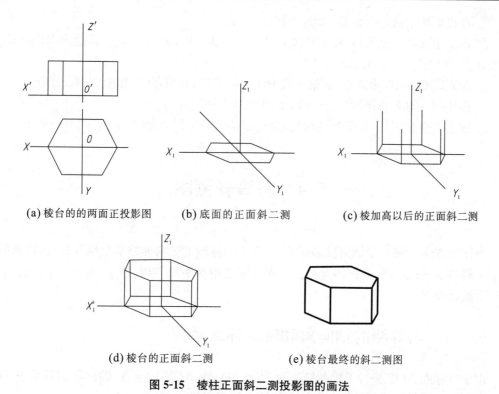

(a) 棱台的的两面正投影图   (b) 底面的正面斜二测   (c) 棱加高以后的正面斜二测

(d) 棱台的正面斜二测   (e) 棱台最终的斜二测图

图 5-15 棱柱正面斜二测投影图的画法

【**例 5-9**】 如图 5-16(a)所示,已知某形体的两面正投影图,画出其斜二测图。

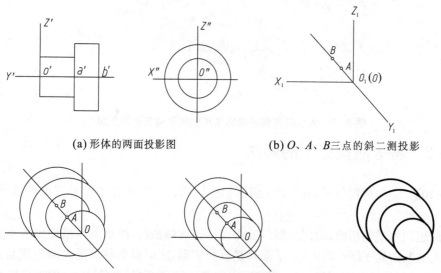

(a) 形体的两面投影图   (b) O、A、B三点的斜二测投影

(c) 以三点为圆心画圆的斜二测投影图   (d) 作等直径圆的公切线   (e) 形体最终的正面斜二测投影图

图 5-16 形体正面斜二测投影图的画法

解 首先想象空间形体。由投影图可知,该形体由高度不同的两个圆柱组成,其中,左边圆柱较小,右边圆柱较大。由于形体只在一个方向上有圆形,为简化作图,可放置形体使圆面平行于正平面,并取小圆端面圆心为坐标原点。作出各圆的正面斜二轴测投影后,画出可见的切线即可。作图过程如下:

① 在投影图上选定坐标系,如图 5-16(a)所示;

② 画出正面斜二轴测轴,在 OY 轴上量出 $OA/2$ 长度,定出 A 点。再量出 $AB/2$ 长度,定出 B 点,如图 5-16(b)所示;

③ 分别以 O、A、B 为圆心,根据正投影图上的长度,画出各圆,如图 5-16(c)所示;

④ 作出每一对等直径圆的公切线,如图 5-16(d)所示;

⑤ 擦去多余作图线,加重外轮廓线,即得形体的最后斜二测图,如图 5-16(e)所示。

5.4　斜等轴测图

当投射方向 S 倾斜于轴测投影面 P,且三个坐标轴的轴向伸缩系数相等时,所得到的投影图是斜等轴测投影图,简称斜等测。工程上常适用水平斜等测,即 $p=q=r$,坐标面 XOY 平行于投影面 P。

5.4.1　斜等测的轴间角和轴向伸缩系数

由于坐标面 XOY 平行于轴测投影面,因此 OX 轴和 OY 轴垂直,轴向伸缩系数 $p=q=1$。作图时,水平斜等测的轴间角和轴向伸缩系数常用值,如图 5-17 所示。

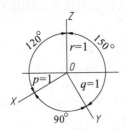

图 5-17　水平斜等测的轴间角和轴向伸缩系数常用值

5.4.2　斜等测投影图的画法

【**例 5-10**】　根据房屋的平面图和立面图[图 5-18(a)],画出带水平截面的水平斜等测图。

解　假想用水平剖切面,沿门窗洞口处将房屋切成两截后,画出下半截房屋的水平斜等测图。因为截断面处于同一高度(水平面),且反映实形,所以根据平面图先画出截断面的斜等测图(即平面图旋转 30°),然后再由截面图向下画高度线和其他轮廓线,即得房屋水平斜等测图。

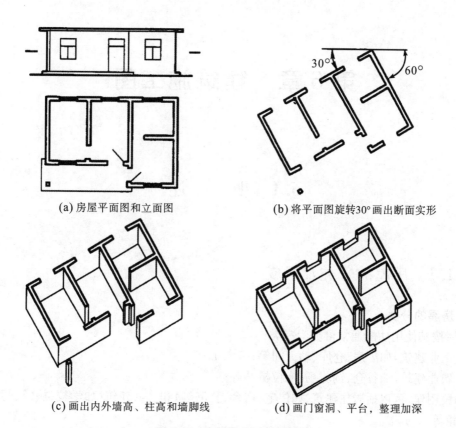

(a) 房屋平面图和立面图

(b) 将平面图旋转30°画出断面实形

(c) 画出内外墙高、柱高和墙脚线

(d) 画门窗洞、平台，整理加深

图 5-18 房屋的水平斜等测图

第6章 建筑施工图

6.1 概 述

6.1.1 房屋的分类及组成

1. 房屋的分类

房屋按其使用功能通常可分为三类：

① 工业建筑，如厂房、仓库、动力间等；

② 农业建筑，如谷仓、饲养场、拖拉机站等；

③ 民用建筑，包括居住建筑（如住宅、宿舍、公寓等）和公共建筑（如学校、旅馆、写字楼、体育场馆等）。

2. 房屋的组成

各种不同功能的房屋，尽管它们的使用要求、空间组成、外形处理、结构、构造方式及规模大小等各不相同，但一般都是由基础、墙和柱、地面和楼面、屋顶、楼梯、门窗等部分组成的，如图 6-1 所示。

（1）基础

基础位于房屋最底部，在地面以下与地基相接，是主要承重构件之一，它将房屋上部的荷载传给地基。

（2）墙和柱

墙和柱都是将荷载传给基础的承重构件。墙还起围成房屋空间和内部房间分隔的作用。墙按受力情况可分为承重墙和非承重墙，按位置可分为内墙和外墙，按方向可分为纵墙和横墙，常把两端的横墙称为山墙。

（3）地面和楼面

楼面又叫楼板层，是水平方向的分隔与承重构件。它既可以分隔竖向空间，又承受着人、家具和设备等荷载，并将这些荷载传给其下的梁或墙。地面是指房屋底层的地坪，它与楼板层一样承受着人、家具和设备等荷载，并将这些荷载直接传给地基。

（4）屋顶

屋顶位于房屋的顶部，不仅能承受雨、雪等荷载，而且能抵御风、雨、雪、太阳辐射等自然因素的侵袭。所以，它既是承重构件，也是围护构件。

（5）楼梯

楼梯是建筑的垂直交通工具，作为人们上下楼和发生紧急事故时疏散之用。

（6）门窗

门主要用来交通，窗主要用来采光和通风。门窗位于外墙时，是围护结构的一部分；位于内墙时，起分隔房间之用。

此外，一般房屋除了以上主要构配件以外，还有一些附属部分，如台阶（或坡道）、雨篷、阳台、雨水管、明沟（或散水）以及其他各种构配件和装饰等。

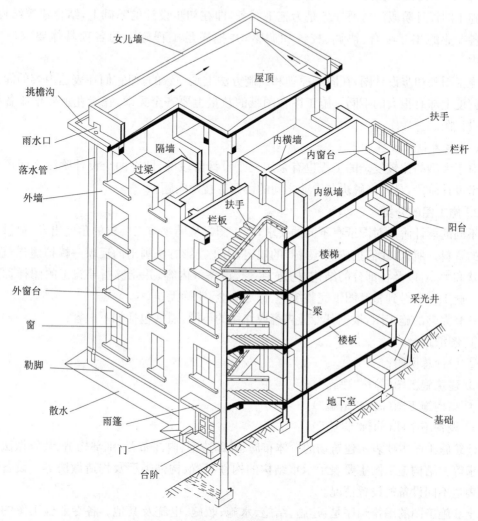

图 6-1　房屋建筑的组成

6.1.2　设计阶段及施工图的分类

1. 设计阶段

房屋的建造一般需经设计和施工两个过程，设计工作又分为初步设计和施工图设计阶段。但对一些技术上复杂而又缺乏设计经验的工程，还应在初步设计基础上增加技术设计（或称扩大初步设计）阶段，以此作为协调各工种的矛盾和绘制施工图的准备。

（1）初步设计阶段

初步设计阶段必须首先提出各种初步设计方案，画出简略的建筑平、立、剖面设计图和总体布置图以及各设计方案的技术、经济指标和工程概算等(对于有些建筑,常常还绘制给予人们视觉印象和造型感受的透视图,也称效果图)作为设计过程中用来研究、比较、审批等反映概貌和设计意图的图样,这种图样称为建筑初步设计图。这种初步设计图样中的平、立、剖面图常用 1：200、1：400 等的比例来绘制,有时也可用 1：100 的比例绘制。

(2) 施工图设计阶段

施工图设计阶段的主要任务是为施工服务,即在初步设计的基础上,结合建筑结构、设备等各专业的相互配合、协调、校核和调整,并把满足工程施工的各项具体要求反映在图纸中。

施工图和初步设计图,在图示原理和绘制方法上是一致的,但它们在表达内容的深入和详尽程度上却有很大的不同。施工图在图纸的数量上要齐全无缺,在专业上要增添各种设备的设计图。

(3) 技术设计阶段

对于大型的比较复杂的工程也有采用三个设计阶段的,即在两个设计阶段之间还有一个技术设计阶段,是用来解决各专业之间的协调等技术问题。

2. 施工图的分类

不同的设计阶段对图纸有不同的要求,施工图是从满足施工要求的角度出发,提供完整翔实的资料。所以,我们把按照"国标"的规定,用正投影方法画出的反映一幢拟建建筑的内外形状和大小,以及各部分的结构、构造、装修、设备等内容,并能够指导施工的图样称为施工图。施工图应做到整套图纸完整统一、详尽齐全、明确无误。

一套完整的施工图,根据其专业内容或作用的不同,通常包括如下内容:

① 图纸目录;

② 设计总说明;

③ 建筑施工图(简称"建施");

④ 结构施工图(简称"结施");

⑤ 设备施工图(简称"设施")。

建筑施工图主要表示建筑物的总体布局、外部造型、内部布置、细部构造、装修做法和施工要求等。结构施工图主要表示承重结构的构件布置、构件类型及构造做法等。设备施工图则表达不同设备的设置情况。

全套施工图的编排顺序是:建施、结施、水施、暖施、电施及其他。各专业施工图的编排顺序是全局性的在前,局部性的在后。

6.1.3　标准图集

为了加快设计和施工速度,提高设计与施工质量,把建筑工程中常用的、大量性的构件、配件按统一模数、不同规格设计出系列施工图,供设计部门、施工企业选用,这样的图称为标准图,装订成册,称为标准图集。

标准图按专业分类如下。

(1) 建筑配件标准图

一般用"J"表示,如 12J304 为"楼地面建筑构造"标准图集。

（2）建筑构件标准图

一般用"G"表示，如 11G101—1 为"混凝土结构施工图平面整体表示方法制图规则和构造详图（现浇混凝土框架、剪力墙、梁、板）"标准图集。

除建筑、结构标准图集外，还有给水排水、电气设备等方面的标准图。

6.1.4　建筑施工图的有关规定

建筑施工图除了要符合一般的投影原理，以及视图、剖面和断面等的基本图示方法外，为了保证制图质量，提高效率，表达统一和便于识读，我国制订了一系列国家标准，在绘图时，应严格遵守国家标准中的规定。建筑施工图一般都遵守以下标准：《房屋建筑制图统一标准》（GB/T 50001—2010）、《总图制图标准》（GB/T 50103—2010）和《建筑制图标准》（GB/T 50104—2010）。

1. 图线

在建筑施工图中，为了表明不同的内容，可采用不同线型和宽度的图线来表达。建筑施工图中图线的选用如表 6-1 所示。图线宽度选用示例如图 6-2～图 6-4 所示。

表 6-1　建筑施工图中图线的选用

名　称	线　宽	用　途
粗实线	b	1. 平、剖面图中被剖切的主要建筑构造（包括构配件）的轮廓线； 2. 建筑立面图的外轮廓线； 3. 建筑构造详图中被剖切的主要部分的轮廓线； 4. 建筑构配件详图中的外轮廓线； 5. 平、立、剖面的剖切符号
中粗实线	$0.7b$	1. 平、剖面图中被剖到的次要建筑构造（包括构配件）的轮廓线； 2. 建筑平、立、剖面图中建筑构配件的轮廓线； 3. 建筑构造详图及建筑构配件详图中的一般轮廓线
中实线	$0.5b$	小于 $0.7b$ 的图形线、尺寸线、尺寸界限、索引符号、标高符号、详图材料做法引出线、粉刷线、保温层线、地面、墙面的高差分界线等
细实线	$0.25b$	图例填充线、家具线、纹样线等
中粗虚线	$0.7b$	1. 建筑构造详图及建筑构配件不可见的轮廓线； 2. 平面图中的起重机（吊车）轮廓线； 3. 拟建、扩建建筑物的轮廓线
中虚线	$0.5b$	投影线、小于 $0.5b$ 的不可见轮廓线
细虚线	$0.25b$	图例填充线、家具线等
粗单点画线	b	起重机（吊车）轨道线
细单点长画线	$0.25b$	中心线、对称线、定位轴线
折断线	$0.25b$	部分省略表示时的断开界线
波浪线	$0.25b$	部分省略表示时的断开界线，曲线形构间的断开界限/构造层次的断开界限

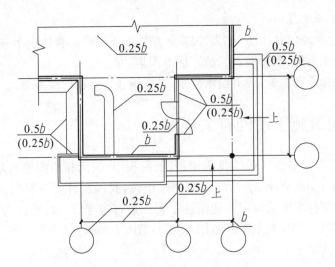

图 6-2 平面图图线宽度选用示例

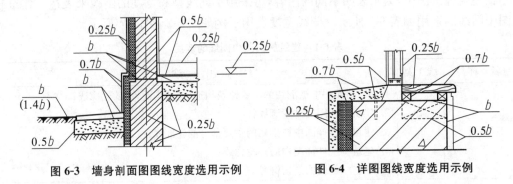

图 6-3 墙身剖面图图线宽度选用示例   图 6-4 详图图线宽度选用示例

以上标准中对图线的使用都有明确的规定,总的原则是剖切面的截交线和外轮廓线用粗实线,次要的轮廓线用中粗线,其他一律用细线。可见的用实线,不可见的用虚线。

绘图时,首先应按照需要绘制的图样的具体情况,选定粗实线的宽度"b",于是其他线型的宽度也就随之确定。粗实线的宽度"b"一般与所绘制图形的比例和图形的复杂程度有关。

2. 比例

建筑物是庞大而复杂的形体,必须采用不同的比例来绘制。对于整个建筑物,建筑施工图一般用缩小比例绘制,特殊细小的部位需要放大表示。比例按《建筑制图标准》中的规定选用(表 6-2)。

表 6-2 建筑施工图比例

图 名	比 例
建筑物或构筑物的平面图、立面图、剖面图	1 : 50、1 : 100、1 : 150、1 : 200、1 : 300
建筑物或构筑物的局部放大图	1 : 10、1 : 20、1 : 25、1 : 30、1 : 50
配件及构造详图	1 : 1、1 : 2、1 : 5、1 : 10、1 : 15、1 : 20、1 : 25、1 : 30、1 : 50

3. 相关符号

(1) 索引符号和详图符号

图样中的某一局部或构件,如需另见详图,应以索引符号索引[图 6-5(a)]。索引符号由直径为 8～10 mm 的圆和水平直径组成,圆及水平直径均应以细实线绘制。

索引出的详图,如与被索引的详图同在一张图纸内,应在索引符号的上半圆中用阿拉伯数字注明该详图的编号,并在下半圆中间画一段水平细实线[图 6-5(b)]。

索引出的详图,如与被索引的详图不在同一张图纸内,应在索引符号的上半圆中用阿拉伯数字注明该详图的编号,在索引符号的下半圆中用阿拉伯数字注明该详图所在图纸的编号[图 6-5(c)]。数字较多时,可加文字标注。

索引出的详图,如采用标准图,应在索引符号水平直径的延长线上加注该标准图册的编号[图 6-5(d)]。

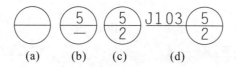

图 6-5　索引符号

索引符号如用于索引剖视详图,应在被剖切的部位绘制剖切位置线,并以引出线引出索引符号,引出线所在的一侧应为剖视方向。如图 6-6 所示。

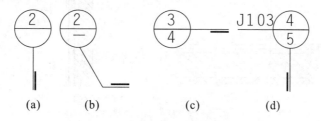

图 6-6　用于索引剖面详图的索引符号

详图的位置和编号,应以详图符号表示,详图符号的圆应以直径为 14 mm 的粗实线绘制。

详图与被索引的图样同在一张图纸内时,应在详图符号内用阿拉伯数字注明详图的编号[图 6-7(a)]。

详图与被索引的图样不在同一张图纸内时,应用细实线在详图符号内画一水平直径,在上半圆中注明详图编号,在下半圆中注明被索引的图纸的编号[图 6-7(b)]。

图 6-7　详图符号

(2) 引出线

引出线是对图样上某些部位引出文字说明、符号编号和尺寸标注等用的,其画法规定如图 6-8 所示。

① 引出线应以细实线绘制,宜采用水平方向的直线或与水平方向成 30°、45°、60°、90°的直线,或经上述角度再折为水平线。文字说明宜注写在水平线的上方,如图 6-8(a)所示,也可注写在水平线的端部,如图 6-8(b)所示。索引详图的引出线应与水平直径线相连接,如图 6-8(c)所示。

② 同时引出几个相同部分的引出线,宜互相平行,如图 6-8(d)所示,也可画成集中于一点的放射线,如图 6-8(e)所示。

③ 多层构造共用引出线,应通过被引出的各层。文字说明宜注写在水平线的上方,或注写在水平线的端部,说明的顺序应由上至下,并应与被说明的层次相一致,如图 6-8(f)所示;如层次为横向排序,则由上自下的说明顺序应与由左至右的层次相一致,如图 6-8(g)所示。

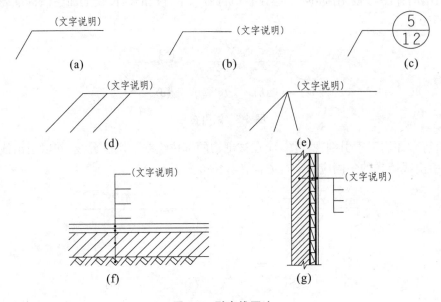

图 6-8　引出线画法

（3）对称符号

当建筑物或构配件的图形对称时,可只画对称图形的一半,然后在图形的对称中心处画上对称符号,另一半图形可省略不画。对称符号由对称线和两端的两对平行线组成。对称线用细单点长画线绘制;平行线用细实线绘制,其长度宜为 6～10 mm,每对间距宜为 2～3 mm;对称线垂直平分两对平行线,对称线两端超出平行线宜为 2～3 mm,如图 6-9 所示。

（4）连接符号

连接符号是用来表示构件图形的一部分与另一部分的相接关系。连接符号应以折断线表示需连接的部位。两部位相距过远时,折断线两端靠图样一侧应标注大写拉丁字母表示连接编号,两个连接的图样必须用相同的字母编号,如图 6-10 所示。

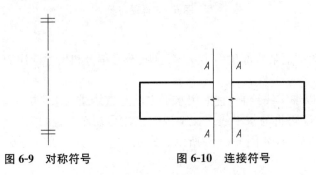

图 6-9　对称符号　　　**图 6-10　连接符号**

4. 尺寸标注

图样除了画出物体的投影外,还必须有完整的尺寸标注。尺寸标注必须符合《房屋建筑制图统一标准》(GB/T 50001—2010)的规定,其基本规则如表 6-3 所示。

表 6-3　尺寸标注基本规则

	说　明	图　例
总则	1. 完整的尺寸,由下列内容组成: ① 尺寸线(细实线); ② 尺寸界线(细实线); ③ 尺寸数字; ④ 尺寸起止符号(中实线)。 2. 实物的真实大小,应以图上所注尺寸数据为依据,与图形的比例无关。 3. 除标高及总平面图以米为单位外,尺寸单位都是毫米,不需要注明	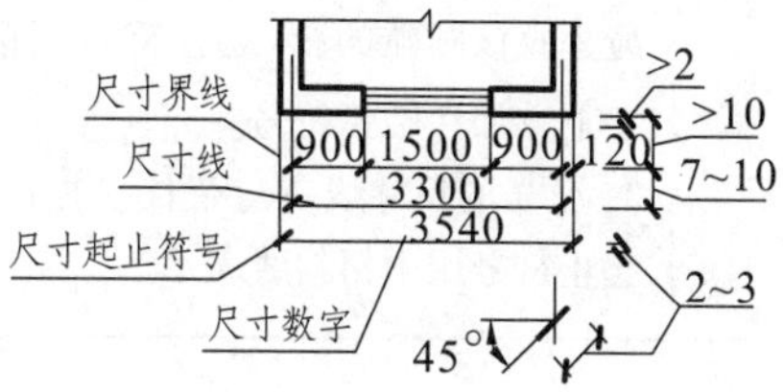
尺寸数字	尺寸的数字应按示例(a)所示的方向填写,并尽量避免在图示 30°范围内标注尺寸,当无法避免时可按示例(b)的形式标注	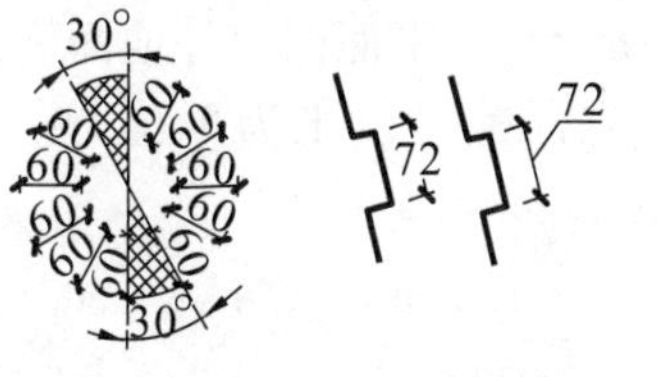
	线性尺寸的数字应依据读数方向注写在尺寸线的上方中部,如没有足够的注写位置,最外边的可注在尺寸界线的外侧,中间相邻的尺寸数字可错开注写,也可引出注写	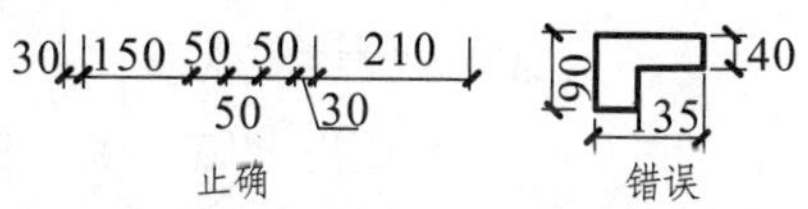
	任何图线不得与尺寸数字相交,无法避免时,应将图线断开	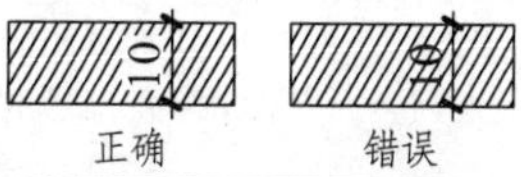
尺寸线	尺寸线应用细实线绘制,应与被注长度平行,中心线、图线本身的任何图线均不得用作尺寸线	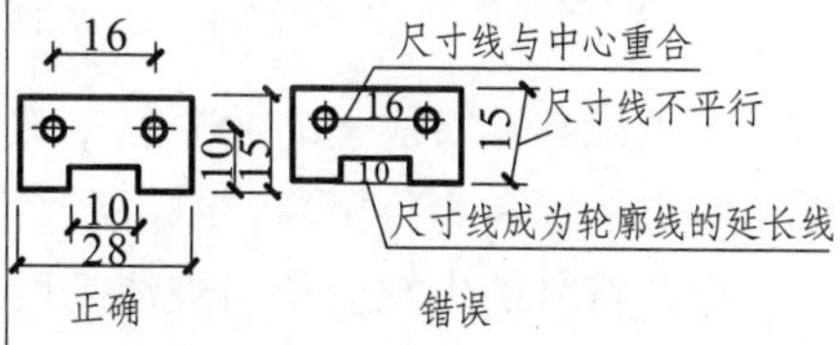
尺寸界线	轮廓线、中心线可作尺寸界线	
直径与半径	1. 标注直径尺寸时应在尺寸数字前加注符号"φ",标注半径尺寸时,加注符号"R"; 2. 半径的尺寸线,一端从圆心开始,另一端画箭头指至圆弧,箭头的形式及尺寸见图例所示,直径的尺寸线应通过圆心,两端箭头指至圆弧; 3. 较大或较小的半径、直径尺寸按图示标注	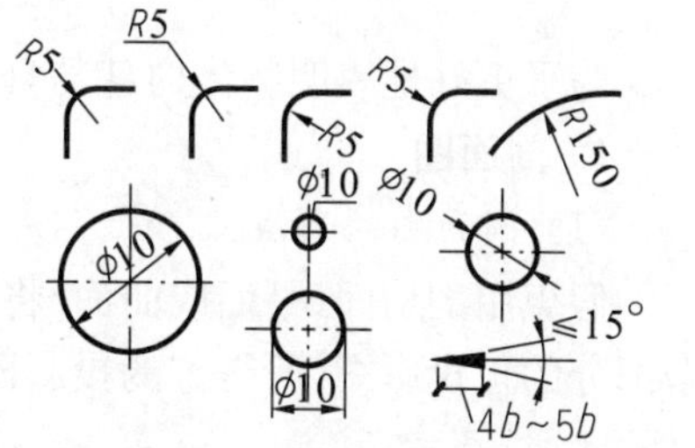

续表

说　　明	图　　例
角度、弧长、弦长	1. 角度的尺寸线应以圆弧线表示,该圆弧的圆心应是该角的顶点,角的两个边为尺寸界线,起止符号用箭头表示,如没有足够的位置,也可用圆点代替,角度数字应以水平方向注写; 2. 圆弧的尺寸线为与该圆弧同心的圆弧线,尺寸界线应垂直该圆弧的弦,起止符号用箭头表示,在弧长数字上方加注圆弧符号"⌒"; 3. 弦长的尺寸线应与弦长平行,尺寸界线与弦垂直,起止符号用中粗斜线表示	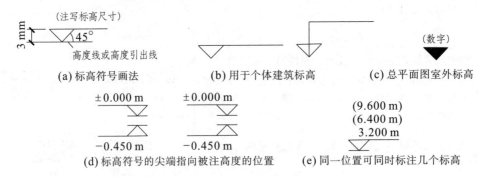

5. 标高

标高符号应以等腰直角三角形表示,高为 3 mm,用细实线绘制,如图 6-11(a)、图 6-11 (b)所示。总平面图室外地面标高符号为涂黑的等腰直角三角形,如图 6-11(c)所示。

标高数字以米为单位,注写到小数点后第三位,在总平面图中可注写到小数点后第二位。

图 6-11　标高符号规定

零点标高注写成±0.000,高于零点的标高为正标高,标高数字前省略"＋"号,如3.200。低于零点的标高为负标高,在标高数字前加"－"号,如－0.450。

标高符号的尖端应指向被注高度的位置。尖端可向上,也可向下,如图 6-11(d)所示。

在标准层平面图中,同一位置可同时标注几个标高,如图 6-11(e)所示。

6.1.5　剖面图与断面图

为了更好地表明物体内部的具体形状和尺寸,常采用剖面图和断面图的方法。

1. 剖面图

（1）剖面图的形成

假想用剖切面(平面或曲面)将物体剖切开,移去剖切面与观察者之间的部分,然后作剩余部分的正投影图,所得到的投影图称为剖面图,如图 6-12 所示。

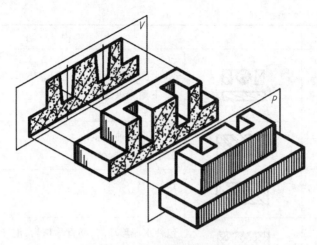

图 6-12　剖面图的形成

　　剖面图除应画出剖切面剖切到的部分的图形外,还应画出沿投射方向看到的部分。被剖切面切到部分的轮廓线用粗实线绘制,并填画相应的材料图例,常用建筑材料图例如表6-4 所示;剖切面没有切到,但沿投射方向可以看到的部分,用中实线绘制。

　　为使图形清晰,剖视图中应省略不必要的虚线。

表 6-4　常用建筑材料图例

序号	名　称	图　例	说　明
1	自然土壤		包括各种自然土壤
2	夯实土壤		
3	砂、灰土		
4	混凝土		1. 本图例仅适用于能承重的混凝土及钢筋混凝土; 2. 包括各种强度等级、骨料、添加剂的混凝土;
5	钢筋混凝土		3. 在剖面图上画出钢筋时,不画图例线; 4. 断面图形小,不易画出图例线时,可涂黑
6	毛石		
7	普通砖		1. 包括实心砖、多孔砖、砌块等砌体; 2. 断面较窄,不易画出图例线时,可涂红
8	饰面砖		包括铺地砖、马赛克、陶瓷锦砖、人造大理石等
9	空心砖		指非承重砖砌体

续表

序号	名 称	图 例	说 明
10	木材		1. 上图为横断面,上左图为垫木、木砖或木龙骨; 2. 下图为纵断面
11	金属		1. 包括各种金属; 2. 图形小时,可涂黑
12	石材		
13	多孔材料		包括水泥珍珠岩、沥青珍珠岩、泡沫混凝土、非承重加气混凝土、软木、蛭石制品等

注:图例中的斜线均为45°。

(2) 剖面图的剖切符号

剖切符号由剖切位置线及投射方向线组成,均应以粗实线绘制。剖切位置线的长度宜为6~10 mm;投射方向线应垂直于剖切位置线,长度应短于剖切位置线,宜为4~6 mm。

剖视剖切符号的编号宜采用粗阿拉伯数字按顺序由左至右、由下至上连续编排,并应注写在剖视方向线的端部。需要转折的剖切位置线,应在转角的外侧加注与该符号相同的编号。如图6-13所示。

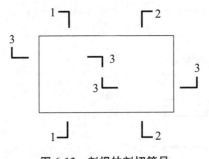

图6-13 剖视的剖切符号

(3) 剖面图的种类

① 全剖面图,如图6-14所示。

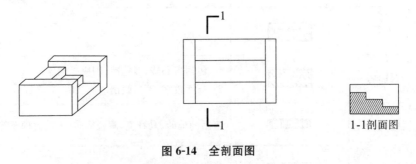

图6-14 全剖面图

② 阶梯剖面图:用阶梯形平面剖切物体得到的剖面图,如图6-15所示。

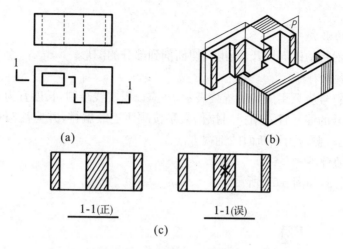

(c)

图 6-15　阶梯剖面图

③ 半剖面图：当物体的外形图和剖面图都是对称图形时，采用半剖的表示方法，但需要标明对称轴线，如图 6-16 所示。

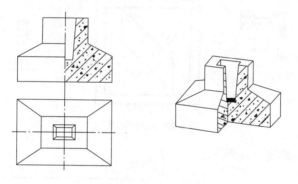

图 6-16　半剖面图

④ 局部剖面图，如图 6-17 所示。

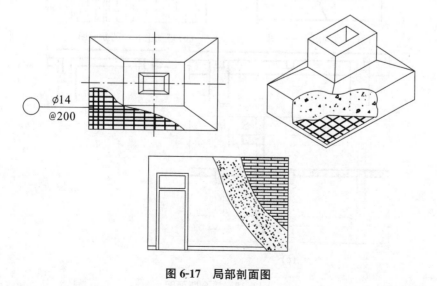

图 6-17　局部剖面图

2. 断面图

（1）断面图的形成

假想用剖切面将物体剖切开,画出剖切面剖到部分的图形。

（2）断面的剖切符号

断面的剖切符号应只用剖切位置线表示,并应以粗实线绘制,长度宜为 6~10 mm。

断面剖切符号的编号宜采用粗阿拉伯数字按顺序连续编排,并应注写在剖切位置线的一侧;编号所在的一侧应为该断面的剖视方向。

（3）断面图的种类

① 移出断面图,如图 6-18 所示。

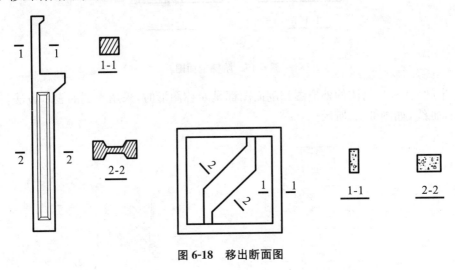

图 6-18　移出断面图

② 重合断面图,如图 6-19 所示。

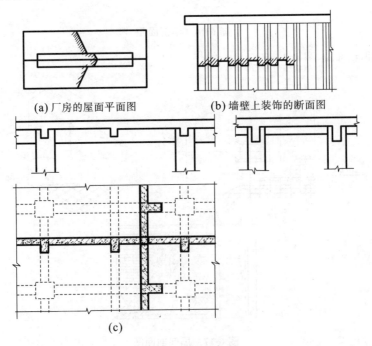

(a) 厂房的屋面平面图　　　　(b) 墙壁上装饰的断面图

(c)

图 6-19　重合断面图

③ 中断断面图,如图 6-20 所示。

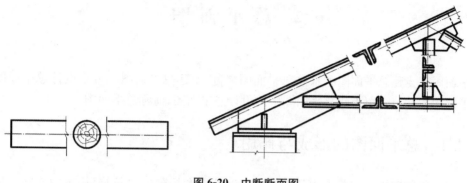

图 6-20　中断断面图

6.1.6　建筑施工图的组成

建筑施工图由基本图和详图组成,其中基本图有建筑设计总说明、总平面图、建筑平面图、立面图和剖面图等;详图包括墙身、楼梯、门窗、厕所、檐口以及各种装饰、构造的详细做法。

1. 建筑设计总说明

设计说明是对图样中无法表达清楚的内容用文字加以详细的说明。建筑设计说明的内容根据建筑物的复杂程度有多有少,但不论内容多寡,一般应包括建筑设计依据、建设工程概况、所选用的标准图集的代号、建筑装修、构造的要求,以及设计人员对施工的要求。小型工程的设计总说明可以与相应的施工图说明放在一起。

（1）设计依据

设计依据包括政府的有关批文、地质勘察报告、规划许可证、设计合同及相关设计规范等。

（2）项目概况

项目概况包括项目地址、名称及建筑基本情况(如建筑层数、高度、建筑面积、使用年限、结构类型、耐火等级、防水等级、抗震设防烈度、相对标高零点的绝对标高值等)。

（3）主要内容

主要内容一般包括墙体工程、屋面工程、门窗工程、室外工程(如散水、台阶、坡道、花池等做法)、内部装饰工程、外部装饰工程、电梯(自动扶梯)、防水工程、保温工程、油漆工程、无障碍设计、防火设计、节能设计等的要求。

（4）施工要求

施工要求包含两个方面的内容:一是要严格按图纸施工,严格执行施工规范及验收标准;二是要注重各专业间的沟通、协调与配合。

2. 门窗表

门窗表是对建筑物上所有不同类型的门窗统计后列成的表格,以备施工、预算需要。在门窗表中应反映门窗的类型、大小,所选用的标准图集及其类型编号,如有特殊要求,应在备注中加以说明。

6.2　总　平　面　图

总平面图有土建总平面图和水电总平面图之分,土建总平面图又分为设计总平面图和施工总平面图。此节介绍土建总平面图中的设计总平面图,简称总平面图。

6.2.1　总平面图的形成与作用

将新建建筑物四周一定范围内的新建、拟建、原有和拆除的建筑物、构筑物连同其周围的地形、地物状况,用水平投影方法和相应的图例所画出的图样,称为建筑总平面图(或称总平面布置图),简称为总平面图或总图,如图 6-21 所示。

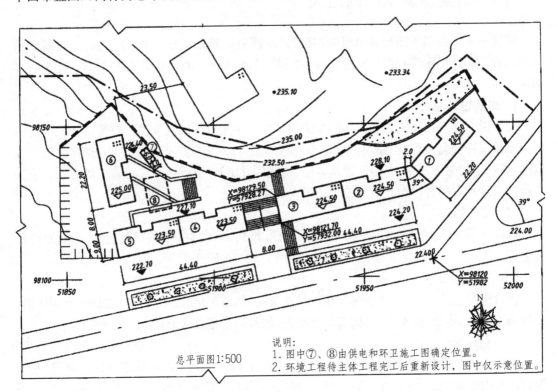

说明:
1. 图中⑦、⑧由供电和环卫施工图确定位置。
2. 环境工程待主体工程完工后重新设计,图中仅示意位置。

总平面图 1:500

图 6-21　某住宅小区总平面图

总平面图用来表明新建建筑有关范围内的总体布置,主要反映新建建筑的平面形状、位置、朝向、与原有建筑物的关系,周围道路、绿化、给水、排水、供电条件等情况,还有地形、地貌、标高等以及与原有环境的关系和临界情况等。

总平面图是新建建筑定位、施工放线、土方施工及有关专业(水、暖、电)管线布置和施工总平面布置的依据,也是安排施工时进入现场的材料和构件、配件堆放场地,构件预制的场地以及运输道路的依据。

6.2.2　总平面图的表示方法

①　总平面图因包括的范围较大,所以绘制时都用较小的比例,如 1∶2 000、1∶1 000、1∶500、1∶300 等。

②　总平面图上标注的坐标、标高、距离一律以米为单位,并应至少取至小数点后两位。

③　总平面图是用正投影的原理绘制的,由于比例较小,总平面图上的内容主要以图例的形式表示。

总平面图的图例采用《总图制图标准》(GB/T 50103—2010)规定的图例,表 6-5 给出了部分常用的总平面图图例符号,画图时应严格执行该图例符号,如图中采用的图例不是标准中的图例,应在总平面图中加以说明。

表 6-5　总平面图常用图例

序号	名　称	图　例	备　注
1	新建建筑物	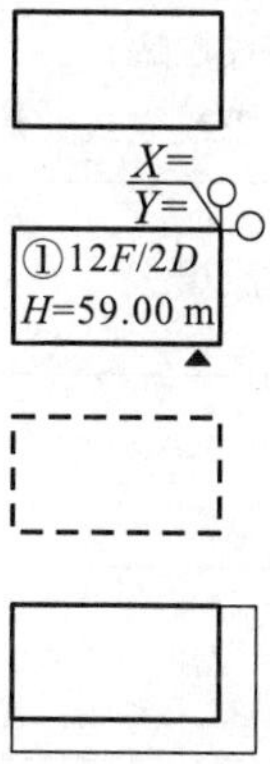 $X=$ $Y=$ ①12F/2D $H=59.00$ m	新建建筑物以粗实线表示与室外地坪相接处±0.00外墙定位轮廓线; 建筑物一般以±0.00高度处的外墙定位轴线交叉点坐标定位,轴线用细实线表示,并标明轴线号; 根据不同设计阶段标注建筑编号,地上、地下层数,建筑高度,建筑出入口位置(两种表示方法均可,但同一图纸采用一种表示方法); 地下建筑物以粗虚线表示其轮廓; 建筑上部(±0.00以上)外挑建筑用细实线表示; 建筑物上部连廊用细虚线表示并标注位置
2	原有建筑物	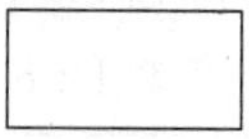	用细实线表示
3	计划扩建的预留地或建筑物		用中粗虚线表示
4	拆除的建筑物	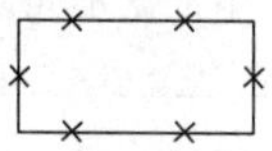	用细实线表示
5	建筑物下面的通道	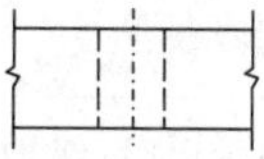	
6	散状材料露天堆场	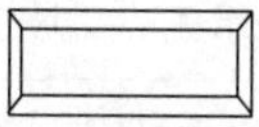	需要时可注明材料名称
7	其他材料露天堆场或露天作业场	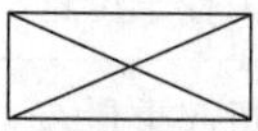	需要时可注明材料名称

序号	名　称	图　例	备　注
8	铺砌场地	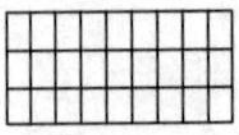	
9	敞棚或敞廊	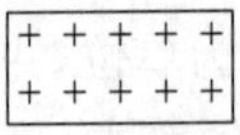	
10	高架式料仓	 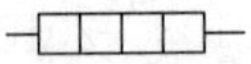	
11	漏斗式贮仓		左、右图为底卸式； 中图为侧卸式
12	冷却塔(池)	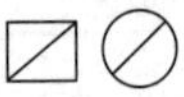	应注明冷却塔或冷却池
13	水塔、贮罐	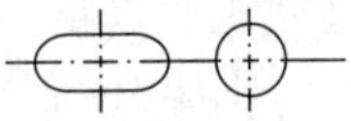	左图为卧式贮罐； 右图为水塔或立式贮罐
14	水池、坑槽		也可以不涂黑
15	明溜矿槽(井)	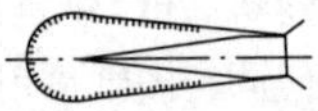	
16	斜井或平硐	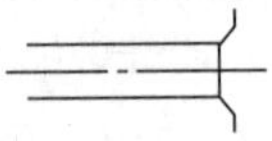	
17	烟囱		实线为烟囱下部直径,虚线为基础,必要时可注写烟囱高度和上、下口直径
18	围墙及大门	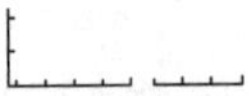	
19	挡土墙	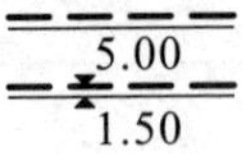 $\frac{5.00}{1.50}$	挡土墙根据不同设计阶段的需要标注:墙顶标高 墙底标高
20	挡土墙上设围墙		
21	台阶及无障碍坡道	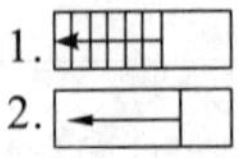 1. 2.	1. 表示台阶(级数仅为示意)； 2. 表示无障碍坡道
22	露天桥式起重机	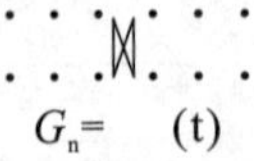 $G_n=$　(t)	起重机重量 G_n,以吨计算； "·"为柱子位置
23	露天电动葫芦	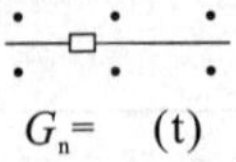 $G_n=$　(t)	起重机起重量 G_n,以吨计算； "·"为支架位置

续表

序号	名　称	图　例	备　注
24	门式起重机	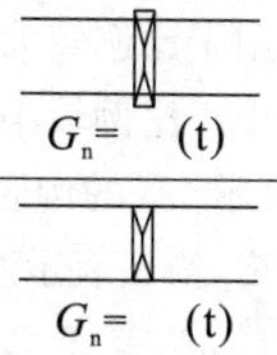 $G_n=$ (t) $G_n=$ (t)	起重机起重量 G_n ,以吨计算； 上图表示有外伸臂； 下图表示无外伸臂
25	架空索道	 ——┼——┼——	"+"为支架位置
26	斜坡卷扬机道	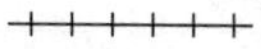 ——┼┼┼┼┼——	
27	斜坡栈桥 （皮带廊等）	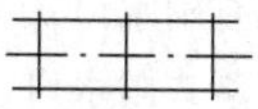	细实线表示支架中心线位置
28	坐标	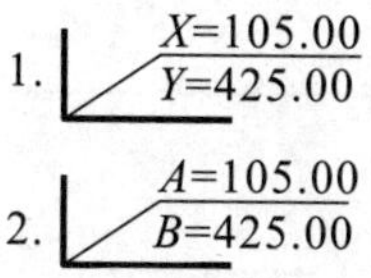 1. $X=105.00$ $Y=425.00$ 2. $A=105.00$ $B=425.00$	1. 表示地形测量坐标系； 2. 表示自设坐标系。 坐标数字平行于建筑标注
29	方格网 交叉点标高	$-0.50 \mid 77.85$ 78.35	"78.35"为原地面标高； "77.85"为设计标高； "−0.50"为施工高度； "−"表示挖方（"+"表示填方）
30	填方区、 挖方区、 未整平区 及零线	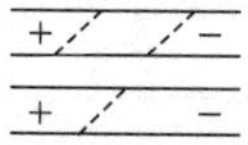 $+$ ／ $-$ $+$ ／ $-$	"+"表示填方区； "−"表示挖方区； 中间为未整平区； 点画线为零点线
31	填挖边坡		
32	分水脊线 与谷线	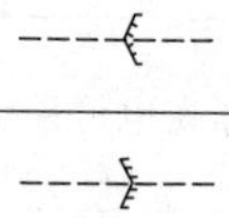 ———◖—— ———◗——	上图表示脊线； 下图表示谷线
33	洪水淹没线	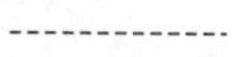 ----------	洪水最高水位以文字标注
34	地表排水方向		
35	截水沟	 40.00	"1"表示 1%的沟底纵向坡度，"40.00"表示变坡点间距离，箭头表示水流方向

序号	名 称	图 例	备 注
36	排水明沟	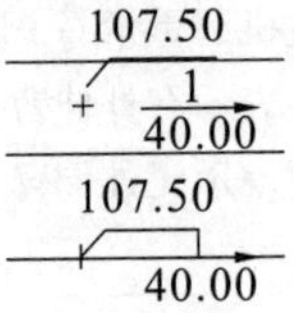 107.50 + ⎯1⎯ 40.00 107.50 40.00	上图用于比例较大的图面； 下图用于比例较小的图面； "1"表示 1%的沟底纵向坡度，"40.00"表示变坡点间距离，箭头表示水流方向； "107.50"表示沟底变坡点标高（变坡点以"+"表示）
37	有盖板的排水沟	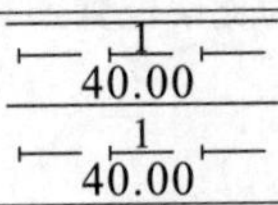 ⎯40.00⎯ ⎯1⎯ ⎯40.00⎯	
38	雨水口	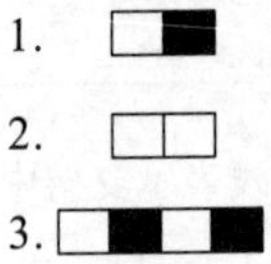 1. ▭▮ 2. ▭ 3. ▮▭▮	1. 雨水口； 2. 原有雨水口； 3. 双落式雨水口
39	消火栓井	 ⊘	
40	急流槽	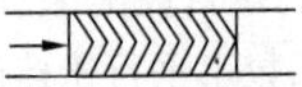 ▷▨	箭头表示水流方向
41	跌水	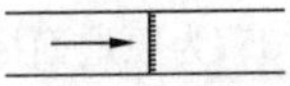 →	
42	拦水（闸）坝	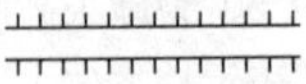	
43	透水路堤	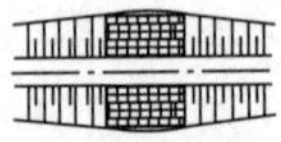	边坡较长时，可在一端或两端局部表示
44	过水路面	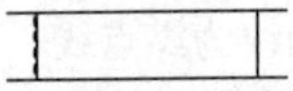	
45	室内地坪标高	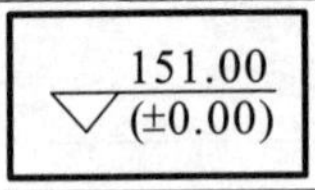 ▽ 151.00 (±0.00)	数字平行于建筑物书写
46	室外地坪标高	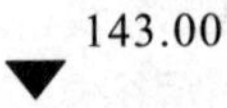 ▼ 143.00	室外标高也可采用等高线
47	盲道		
48	地下车库入口	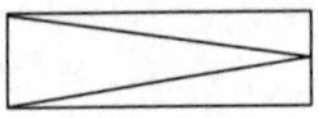 ◁▷	机动车停车场
49	地面露天停车场	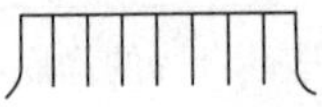	

序号	名　称	图　例	备　注
50	露天机械停车场	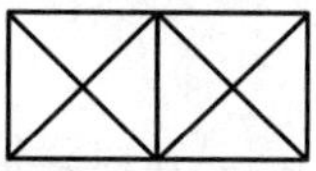	露天机械停车场

总平面图应按如表 6-6 所示的规定选用线型。

表 6-6　总平面图中的图线

名　称		线　型	线　宽	用　途
实线	粗		b	1. 新建建筑物±0.00 高度可见轮廓线； 2. 新建铁路、管线
	中		0.7b 0.5b	1. 新建构筑物、道路、桥涵、边坡、围墙、运输设施的可见轮廓线； 2. 原有标准轨距铁路
	细		0.25b	1. 新建建筑物±0.00 高度以上的可见建筑物、构筑物轮廓线； 2. 原有建筑物、构筑物、原有窄轨、铁路、道路、桥涵、围墙的可见轮廓线； 3. 新建人行道、排水沟、坐标线、尺寸线、等高线
虚线	粗		b	新建建筑物、构筑物地下轮廓线
	中		0.5b	计划预留扩建的建筑物、构筑物、铁路、道路、运输设施、管线、建筑红线及预留用地各线
	细		0.25b	原有建筑物、构筑物、管线的地下轮廓线
单点长画线	粗		b	露天矿开采界限
	中		0.5b	土方填挖区的零点线
	细		0.25b	分水线、中心线、对称线、定位轴线
双点长画线			b	用地红线
			0.7b	地下开采区塌落界限
			0.5b	建筑红线
折断线			0.5b	断线
不规则曲线			0.5b	新建人工水体轮廓线

6.2.3　总平面图的图示内容

1. 建筑红线

红线一般是指各种用地的边界线。建筑红线,也称"建筑控制线",是建筑物基底位置的控制线,指城市规划管理中,控制城市道路两侧沿街建筑物或构筑物(如外墙、台阶等)靠临街面的界线。任何临街建筑物或构筑物不得超过建筑红线。图 6-21 所示总平面图中粗点画线即为建筑红线。

建筑红线一般由道路红线和建筑控制线组成。道路红线是城市道路(含居住区级道路)用地的规划控制线,建筑控制线是建筑物基底位置的控制线。基底与道路邻近一侧,一般以道路红线为建筑控制线。(如果城市规划需要,主管部门可在道路红线以外另定建筑控制线,一般称后退道路红线。)

2. 新建建筑物的定位

新建建筑物的定位一般有两种方式:一是利用新建建筑物和原有建筑物之间的距离定位或利用新建建筑物与原有道路之间的距离定位;二是利用坐标定位,坐标分为测量坐标和施工坐标两种。

若新建建筑周围存在原有建筑、道路,此时新建建筑定位可以用新建建筑的外墙到原有建筑的外墙或到道路中心线的距离来定位。

在新建区域内,为了保证在复杂地形中放线准确,常用坐标来定位。

建筑坐标与测量坐标的区别如图 6-22 所示。

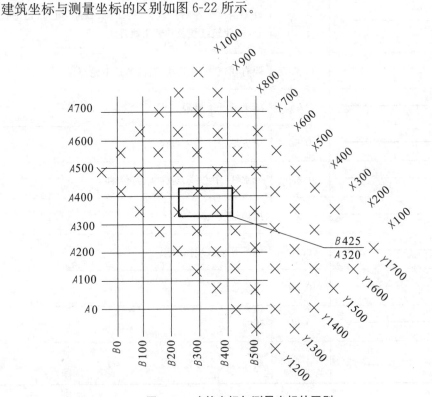

图 6-22　建筑坐标与测量坐标的区别

（1）测量坐标定位

在与总平面图采用相同比例的地形图上，绘制出 100 m×100 m 或 50 m×50 m 的坐标网格，纵轴为 X 轴，代表南北方向，横轴为 Y 轴，代表东西方向。对于一般建筑物定位应标明两个墙角的坐标，若为南北朝向的建筑，只标明一个墙角的坐标即可，如图 6-21 中的③号住宅楼。放线时，根据现场已有的导线点的坐标，用测量仪测出新建建筑的坐标。

（2）施工坐标定位

将新建建筑所在的地区具有明显标志的地物定为"0"点，以水平方向为 B 轴，垂直方向为 A 轴，按 100 m×100 m 或 50 m×50 m 绘制坐标网格，绘图比例与地形图相同，用建筑物墙角距"0"点的距离确定新建建筑的位置。

3. 总平面图中的标高

标高表示建筑物某一部位相对于基准面（标高的零点）的竖向高度，是竖向定位的依据。标高按基准面选取的不同分为绝对标高和相对标高。我国把青岛附近黄海海平面作为标高的零点，所测定的标高称为绝对标高。以建筑物室内首层主要地面高度作为标高的零点，所计算的标高称为相对标高。

总图中标注的标高应为绝对标高，如标注相对标高，则应注明相对标高与绝对标高的换算关系。标高注写到小数点后三位或两位。

室外地面的标高符号为涂黑的实心等腰直角三角形。

4. 原有建筑、拆除建筑、计划扩建建筑等

原有建筑、拆除建筑、计划扩建建筑等，如图 6-21 所示。

5. 道路

由于比例较小，总平面图上的道路只能表示出道路与建筑物的关系，不能作为道路施工的依据。一般是标注出道路中心控制点，标明道路的标高及平面位置即可。例如，图 6-21 某住宅小区总平面图中的道路中心控制点，各数值含义为：224.00 为此点的标高，$X=98\ 120$、$Y=51\ 982$ 为平面位置。

6. 指北针和风向频率玫瑰图

在总平面图中应画出指北针或风向频率玫瑰图来表示建筑物的朝向。

指北针用细实线绘制，其圆的直径一般以 24 mm 为宜，指针尾端的宽度，宜为圆直径的 1/8，针尖方向为北。如图 6-23 所示。

风向频率玫瑰图也叫"风玫瑰"图，它是根据某一地区在一定时间内各个风向出现的百分比，以各顶点到中心的距离按一定比例绘制的，一般多用十六个罗盘方位表示，箭头的方向为北向。如图 6-24 所示。

图 6-23　指北针

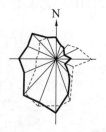

图 6-24　风向频率玫瑰图

风向频率玫瑰图上所表示的风的吹向（即风的来向），是指从外面吹向地区中心的方向。

风玫瑰图折线上的点离圆心的距离,表示从此点向圆心方向刮的风的频率。粗实线表示全年风向频率,细虚线表示夏季风向频率。

7. 其他

总平面图中除了以上内容外,一般还有挡土墙、围墙、水沟、河流、池塘、土坡等与工程有关的内容。

6.2.4　总平面图的识读

在识读总平面图时应首先识读标题栏,以了解新建建筑工程的名称,再看指北针或风向频率玫瑰图,了解新建建筑的地理位置、朝向和常年风向,最后了解新建建筑物的形状、层数、室内外标高及其定位,以及道路、绿化和原有建筑物等周边环境。

1. 熟悉图例、比例

这是识读总平面图应具备的基本知识。

2. 了解工程性质及周围环境

工程性质是指建筑物的用途,例如住宅楼、办公楼、教学楼、商业建筑等。了解周围环境的目的在于弄清周围环境对该建筑的不利影响。

3. 查看标高、地形

从标高和地形图可知道该建筑区域的原始地貌。如图 6-21 所示区域前面是一条公路,后面是坡地,建筑物建在道路和坡地之间,建成后底层地面分别位于 224.50 m、223.50 m、225.00 m 三个标高面上。

4. 查找定位依据

确定新建建筑物的位置是总平面图的主要作用。

5. 了解道路与绿化

道路与绿化是主体的配套工程。从道路可了解建成后的人流方向和交通情况,从绿化可以看出建成后的环境绿化情况。

6.3　平　面　图

6.3.1　平面图的形成和命名

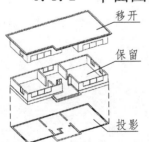

假想用一个水平的剖切面,沿门窗洞口将建筑物剖切开,移去剖切平面及其以上部分,将余下的部分按正投影的原理,由上向下投射在水平投影面上所得到的水平剖面图称为建筑平面图,简称平面图,如图 6-25 所示。

平面图通常按层次来命名,例如:底层平面图、二层平面图等。一般情况下,建筑物有几层就应画几个平面图。当建筑物中间若干层的平面布局、构造情况完全一致时,则可用一个平面图来表达

图 6-25　平面图形成示意图

这些相同布局的若干层,称之为标准层平面图。

若建筑物设置地下室或跃层(阁楼),也应分别画出相应的平面图。此外,还有屋顶平面图,即将建筑物直接从上向下进行投影得到的水平投影图。

6.3.2　平面图的表示方法

1. 比例

建筑平面图可以用 1∶50、1∶100、1∶200 等比例绘制,实际工程中常用 1∶100 绘制。

2. 图例

建筑平面图由于比例小,各层平面图中的卫生间、楼梯间、门窗等投影难以详尽表示,便采用《建筑制图标准》(GB/T 50104—2010)中规定的图例来表示,见附表 1。

3. 图线

建筑平面图中的线型应粗细分明,凡被剖切到的墙、柱断面轮廓线用粗实线画出,没有剖切到的可见轮廓线,如窗台、梯段、卫生设备、家具陈设等用中实线或细实线画出。尺寸线、尺寸界线、索引符号、标高符号等用细实线画出,轴线用细单点长画线画出。平面图比例若小于等于 1∶100,可画简化的材料图例(如砖墙涂红、钢筋混凝土涂黑等)。

建筑平面图中图线的具体选用应符合《建筑制图标准》(GB/T 50104—2010)的规定。

6.3.3　平面图的用途和内容

建筑平面图用以表达房屋建筑的平面形状和大小、房间布置、内外交通联系以及墙、柱、门窗等构配件的位置、尺寸、材料和做法等。

平面图是建筑施工图的主要图样之一,是施工中房屋的定位放线、砌墙、安装门窗、室内装修以及编制预算、施工备料等的重要依据。

平面图的主要内容包括以下几点:

1. 房屋的平面形状及房间平面布局

房屋平面形状:如矩形,有的公共建筑是圆形、多边形、半圆形等。

房间平面布局:如住宅建筑中客厅、卧室、书房、卫生间、厨房等的相对位置,办公楼的办公室、小型会议室、大型会议室、会客室、接待室、卫生间等的相对位置。

2. 水平及竖向交通状况

水平交通:门、门厅、过厅、走廊、过道等的位置。

竖向交通:楼梯间位置(楼梯平面布置、踏步、楼梯平台)、高层建筑电梯间的平面位置等。对于有特殊要求的建筑,竖向交通设施为坡道或爬梯。

3. 门窗洞口的位置、大小、形式及编号

通过平面图中所标注的细部尺寸可知道门窗洞口的位置及大小,门的形式可通过图例表示,如单扇平开门、双扇平开门、弹簧门等。

门的代号通常用"M"表示,窗的代号通常用"C"表示,并分别在代号后面写上编号,用于区别门窗类型,统计门窗数量。如"M2"表示编号为 2 的门,"C3"表示编号为 3 的窗。对一些特殊用途的门窗也有相应的符号进行表示,如"FM"代表防火门,"CM"代表门连窗等。

在平面图中窗洞位置处,若画成虚线,则表示为高窗(高窗是指窗洞下口高度高于 1 500 mm,

一般为 1 700 mm 以上的窗)。按剖切位置和平面图的形成原理,高窗在剖切面上方,并不能够投射到本层平面图上,但为了施工时读图方便,规定把高窗画在所在楼层并用虚线表示。

4. 建筑构配件尺寸、材料

建筑构配件尺寸、材料如墙、柱、壁柱等。

5. 定位轴线

定位轴线是用来确定建筑物主要结构或构件的位置及其标志尺寸的线。在建筑工程施工图中通常将房屋的墙、柱和梁等承重构件的定位轴线画出,并进行编号,以便施工时放线和查阅图纸。

根据《房屋建筑制图统一标准》(GB/T 50001—2010)规定,定位轴线采用细点画线绘制,轴线编号应注写在轴线端部的圆内,其直径为 8~10 mm,用细实线绘制,圆心应在定位轴线的延长线上或延长线的折线上。轴线在编号时应注意:

① 宜标注在图样的下方与左侧,横向编号应用阿拉伯数字,从左向右顺序编写,竖向编号应用大写拉丁字母,自下而上顺序编写,如图 6-26 所示。

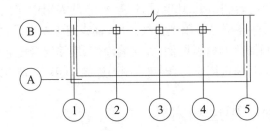

图 6-26　定位轴线编号

② 拉丁字母的 I、O、Z 不得用作轴线编号,以免与数字 1、0 及 2 混淆。

③ 一些与主要承重构件相联系的次要构件的定位轴线可作为附加轴线。附加定位轴线的编号,应以分数形式表示,并应按下列规定编写:两根轴线间的附加轴线,分母表示前一轴线的编号,分子表示附加轴线的编号。附加轴线的编号,宜用阿拉伯数字顺序编写。1 号轴线或 A 号轴线之前的附加轴线的分母应以 01 或 0A 表示,如图 6-27 所示。

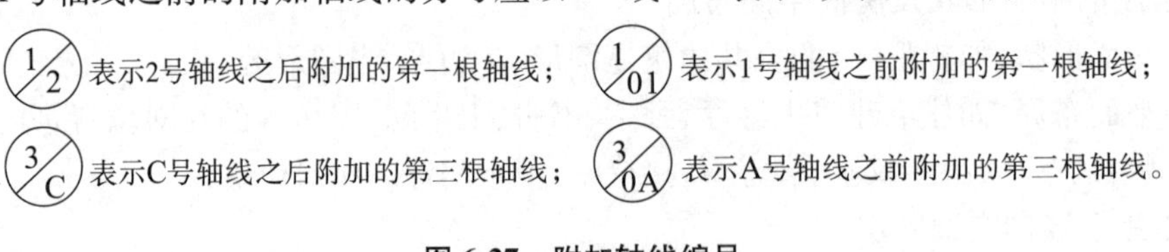

$\frac{1}{2}$ 表示2号轴线之后附加的第一根轴线;　$\frac{1}{01}$ 表示1号轴线之前附加的第一根轴线;

$\frac{3}{C}$ 表示C号轴线之后附加的第三根轴线;　$\frac{3}{0A}$ 表示A号轴线之前附加的第三根轴线。

图 6-27　附加轴线编号

④ 通用详图中的定位轴线,只画圆圈,不注写轴线编号,如图 6-28(a)所示。

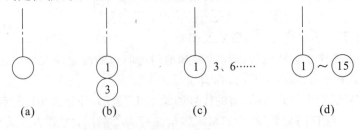

图 6-28　详图轴线编号

⑤ 一个详图适用于几根轴线时,应同时注明各有关轴线的编号。详图用于 2 根轴线时,如图 6-28(b)所示;详图用于 3 根或 3 根以上轴线时,如图 6-28(c)所示;详图用于 3 根以上连续编号的轴线时,如图 6-28(d)所示。

⑥ 圆形平面图中定位轴线的编号,其径向轴线宜用阿拉伯数字表示,从左下角开始,按逆时针顺序编写,圆周轴线宜用大写拉丁字母表示,从外向内顺序编写,如图 6-29 所示。

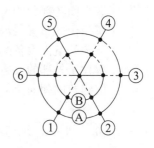

图 6-29　圆形平面轴线编号

6. 平面尺寸

平面图中的平面尺寸分内部尺寸和外部尺寸两种,主要反映建筑物中房间的开间、进深的大小、门窗的平面位置及墙厚等。

内部尺寸一般用一道尺寸表示,用来标注内部门窗洞口的宽度及位置、墙厚、墙与轴线的关系;柱的断面、柱与轴线的关系等。

外部尺寸一般标注三道尺寸。最里面一道尺寸为细部尺寸,表示各细部的位置及大小,如外墙门窗的大小及与轴线的平面关系;中间一道尺寸为定位尺寸,表示轴线尺寸,即房间的开间与进深尺寸,柱子的柱距等;最外面一道尺寸表示建筑物的总长、总宽,即从一端的外墙皮到另一端的外墙皮的尺寸。

7. 标高

除总平面图外,建筑施工图中所标注的标高均为相对标高。建筑平面图中应标注楼地面标高、房间及室外地坪等标高,以米为单位,保留三位小数。

8. 室外构配件

底层平面图中,与本栋房屋有关的台阶、花池、散水、勒脚、排水沟等的投影。

二层平面图中,除画出房屋二层范围的投影内容外,还应画出底层平面图中无法表达的雨篷、阳台、窗楣等内容。

三层以上的平面图则只需画出本层的投影内容及下一层的窗楣、阳台、雨篷等一些下一层无法表达的内容。

9. 有关符号

剖面图的剖切符号:建筑剖面图的剖切符号一般标注在一层平面图中,反映剖面的编号及剖切位置。

详图索引符号:凡是在平面图中表达不清楚的地方,均要绘制大比例的图样,在平面图中需要放大的部位绘出索引符号。

指北针或风向频率玫瑰图:一般绘在一层平面图中。

10. 文字说明

凡是在平面图中无法用图线表达的内容,可用文字进行说明。

此外,还有反映其他各工种对土建要求的,如设备施工中在墙、板上预留孔洞的位置及尺寸等。

6.3.4　平面图的识读

从平面图的基本内容来看,一层平面图涉及的内容最全面,为此,识读建筑平面图时,首先要读懂一层平面图,然后识读其他各层平面图就容易多了。

平面图的识读步骤如下:

① 了解图名、比例及文字说明。

② 了解建筑物的总长、总宽的尺寸以及内部房间的功能关系，布置方式等。

③ 了解纵横定位轴线及其编号；主要房间的开间、进深尺寸；墙（或柱）的平面布置。

④ 了解平面各部分的尺寸、标高。

⑤ 了解门窗的布置、数量及型号。

⑥ 了解建筑室内设备配备等情况。

⑦ 了解建筑外部的设施，如散水、雨水管、台阶等的位置及尺寸。

⑧ 了解建筑的朝向及剖面图的剖切符号、索引符号等。

6.3.5　平面图的绘制

建筑施工图的绘制方法有手工绘图和计算机绘图。此处介绍手工绘图。

1. 选定比例和图幅

图幅和比例的选择不仅要考虑图样大小，还要估计注写尺寸、符号和有关说明所需的位置。

2. 画图稿

① 画图框和标题栏，均匀布置图面，画出定位轴线。

② 画出墙、柱断面（包括非承重墙）。

③ 画门窗。

④ 画出房屋的细部（如窗台、阳台、室外、台阶、楼梯、雨篷、阳台、室内固定设备等细部）。

⑤ 布置标注。对轴线编号圆、尺寸标注、门窗编号、标高符号、文字说明如房间名称等位置进行安排布置。先标外部尺寸，再标内部和细部尺寸，按要求轻画字格和数字、字母字高导线。

⑥ 底层平面图需要画出指北针、剖切位置符号及其编号。

3. 加深、加粗图线

认真检查无误后，整理图面，按要求加深、加粗图线。

4. 书写数字、代号编号、图名、房间名称等文字

必要时再用描图纸盖在完成的底图上，用黑色墨水笔进行描图。

6.4　立　面　图

6.4.1　立面图的形成和命名

1. 立面图的形成

将建筑的各个立面按正投影的原理投影到与之平行的投影面上，得到的正投影图，称为建筑立面图,简称立面图,如图 6-30 所示。

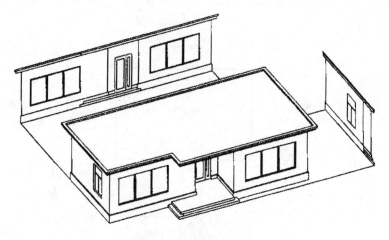

图 6-30 立面图形成示意图

2. 立面图的命名

立面图的命名通常有以下三种方式:

(1) 按建筑朝向命名

规定建筑朝南面的立面图为南立面图,同理还有北立面图、东立面图、西立面图,如图 6-31 所示。

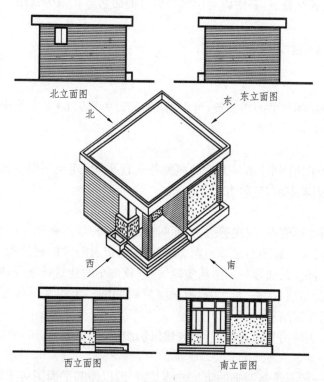

北立面图　　　　东立面图

北　　　　东

西　　　　南

西立面图　　　　南立面图

图 6-31 立面图的命名一

(2) 按建筑两端定位轴线编号命名

用该立面图的首尾两个定位轴线的编号组合在一起命名,如①～⑤立面图、⑤～①立面图、Ⓕ～Ⓖ立面图、Ⓖ～Ⓐ立面图等,如图6-32所示。

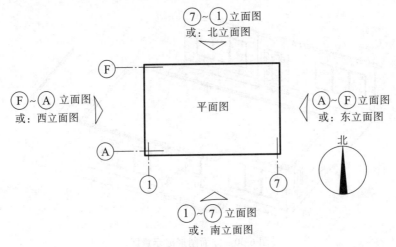

图 6-32　立面图的命名二

（3）按建筑墙面特征命名

按建筑墙面特征命名即根据建筑的主要入口来命名,建筑主出入口所在的墙面为正面,当观察者面向正面站立时,从前向后投影得到的是正立面图,从后向前的投影则是背立面图,从左向右的投影是左侧立面图,从右向左的投影是右侧立面图。

三种命名方式各有特点,其中以定位轴线编号的命名方式最为常用。

6.4.2　立面图的表示方法

1. 比例

建筑立面图的比例与平面图一致,可以用1∶50、1∶100、1∶200等比例绘制,实际工程中常用1∶100绘制。

2. 图例

建筑立面图由于比例小,立面图上的门窗等构件采用《建筑制图标准》(GB/T 50104—2010)中规定的图例来表示,见附表1。

3. 图线

为了使立面图外形清晰、层次感强,立面图应采用多种线型画出。一般建筑物的外形轮廓用粗实线绘制;建筑立面凹凸之处的轮廓线、门窗洞以及较大的建筑构配件的轮廓线,如:檐口、雨篷、阳台、台阶、花池等均用中粗实线绘制;较细小的建筑构配件或装饰线,如:勒脚、窗台、门窗扇及其分格线、花格、雨水管、有关文字说明的引出线及标高等均用细实线绘制;室外地坪线用加粗实线绘制。

建筑立面图中图线的具体选用应符合《建筑制图标准》(GB/T 50104—2010)的规定。

4. 定位轴线

在立面图中,一般只绘制两端的定位轴线及编号,以便和平面图对照读图。

5. 尺寸标注

（1）竖直方向

立面图上通常标注竖直方向的高度尺寸,主要是用标高的形式来标注。一般需要标注建筑物的室内外地坪、门窗洞口的上下口、台阶顶面、雨篷、屋檐下口、女儿墙压顶和屋面等处的标高,并应在竖直方向标注三道尺寸。

标注标高时,要注意有建筑标高和结构标高之分。除门窗洞口(不包括粉刷层)外,楼地面、楼梯和阳台的平台、扶手等的上顶面标高,一般应注到包括粉刷层在内的装饰完成后表面的建筑标高。其余部位和构件下底面的标高,应标注不包括粉刷层在内的结构面的结构标高(如梁底、雨篷底等的标高)。

(2)水平方向

立面图中水平方向一般不标注尺寸,但需要标出立面图最外两端墙的轴线和编号。

(3)其他标注

立面图上可在适当位置用文字说明标出各部位的装修做法。

6.4.3　立面图的用途和内容

建筑立面图主要表达建筑的外部造型、门窗位置及形式、阳台、雨篷、墙面装修的材料和做法等。

立面图的主要内容包括以下几点:

① 表明建筑外墙面上可见的全部内容,如散水、台阶、雨水管、花池、勒脚、门窗、雨篷、阳台、檐口、墙面分格线等,以及屋顶的构造形式;

② 表明建筑物外形高度方向的三道尺寸,即建筑物总高度、分层高度和细部高度;

③ 表明建筑物立面上的主要标高,如室内外地面标高、各层楼面标高、各层门窗洞口的标高,阳台、雨篷、女儿墙顶、屋顶及楼梯间屋顶等的标高;

④ 外墙面各部位建筑装修的材料及其做法,如外墙面上各种构配件、装饰物的形状、用料和具体做法;

⑤ 表明建筑物两端的定位轴线及其编号;

⑥ 表明需要详图表示的索引符号;

⑦ 注明图名与比例和必要的文字说明。

6.4.4　立面图的识读

立面图的识读步骤如下:

① 了解图名及比例;

② 了解立面图与平面图的对应关系;

③ 了解建筑的体形和外貌特征;

④ 了解建筑各部位的高度尺寸及标高;

⑤ 了解门窗的形式、位置及数量;

⑥ 了解建筑外墙面的装修做法。

6.4.5　立面图的绘制

立面图所采用的比例一般和平面图相同。由于比例较小,所以门窗、阳台、栏杆及墙面复杂的装修可按图例绘制。为简化作图,对立面图上同一类型的门窗,可详细地画一个作为代表,其余均用简单图例来表示。此外,在立面图的两端应画出定位轴线符号及其编号。

1. 选定比例和图幅

不仅要考虑图样大小,还要估计注写尺寸、符号和有关说明所需的位置。

2. 画图稿

① 画地坪线,根据平面图画首尾定位轴线及外墙线。

② 依据层高等高度尺寸画各层楼面线(为画门窗洞口、标注尺寸等作参照基准)、檐口、女儿墙轮廓、屋面等横线。

③ 画房屋的细部。如门窗洞口、窗线、窗台、室外阳台、楼梯间超出屋面的小屋、柱子、雨水管、外墙面分格等细部的可见轮廓线。

④ 布置标注。布置标高(楼地面、阳台、檐口、女儿墙、台阶、平台等处标高)、尺寸标注、索引符号及文字说明的位置等,只标注外部尺寸,也只需对外墙轴线进行编号,按要求轻画字格和数字、字母字高导线。

3. 加深、加粗图线

认真检查无误后,整理图面,按要求加深、加粗图线。

4. 书写数字、图名等文字

6.5　剖　面　图

6.5.1　剖面图的形成和命名

建筑剖面图是整幢建筑物的垂直剖面图。假想用一个或一个以上的铅垂剖切平面(平行于正立投影面或侧立投影面)将建筑物剖开,移去观察者与剖切平面之间的部分,将剩余部分按正投影的原理投射到与剖切平面平行的投影面上,得到的图样称为建筑剖面图,简称剖面图,如图 6-33 所示。

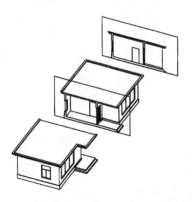

图 6-33　剖面图形成示意图

用侧立投影面的平行面进行剖切,得到的剖面图称为横剖面图;用正立投影面的平行面进行剖切,得到的剖面图称为纵剖面图。

剖面图的数量及其剖切位置应根据建筑物自身的复杂情况而定,一般剖切位置选择建筑的主要部位或构造较为典型的部位,如楼梯间等,并应尽量使剖切平面通过门窗洞口。剖切符号应在一层平面图中标出。

剖面图的图名应与底层平面图上标注的剖切符号编号一致,如 1-1 剖面图。

6.5.2　剖面图的表示方法

在剖面图中一般不画材料图例符号,被剖切到的钢筋混凝土梁、板涂黑。用粗实线绘制被剖切到的墙体、楼板、屋面板;用中粗实线绘制建筑物的可见轮廓线;用细实线绘制较小的建筑构配件的轮廓线、装修面层线等;而用特粗实线绘制室内、外地坪线。

1. 比例

一般为 1∶300、1∶200、1∶150、1∶100、1∶50。一般同相应平面图、立面图。

2. 定位轴线

被剖切到的墙、柱及剖面图两端的定位轴线。

3. 图例

采用《建筑制图标准》(GB/T 50104-2010)中规定的图例来表示,见附表 1。

4. 线型及抹灰层、楼地面、材料图例

规定同平面图。

① $1.4b$ 加粗实线。室外地面。

② b 粗实线。被剖切到的主要建筑构造、构配件的轮廓线,剖切到或虽未剖切到,但可见的很薄构件,可简化用粗实线画出。

③ $0.5b$ 中实线。在外轮廓线之内的凹进或凸出墙面的轮廓线,以及门窗洞、雨篷、阳台、台阶与平台、花台、遮阳板、窗套等建筑设施或构配件的轮廓线。(包括画成单线的阳台栏杆及伸出女儿墙外轮廓线的水箱。)

④ $0.25b$ 细实线。屋面、楼面的面层线,墙面上的一些装修线以及一些固定设施、构配件上的轮廓线。

5. 尺寸标注

被剖切到的墙、柱的轴线间距。图形外部标注高度方向的三道尺寸,即总高尺寸、定位尺寸(层高)、细部尺寸三种尺寸,以及墙段、洞口等高度尺寸。

6. 标高标注

室外地坪、楼地面、阳台、檐口、女儿墙、台阶、平台等处的标高。

注:对楼地面、地下层地面、楼梯、平台等处的高度尺寸及标高,应注写完成面的标高及高度方向的尺寸,其余部位注写毛面的高度尺寸和标高。

6.5.3　剖面图的用途和内容

建筑剖面图是与平、立面图相互配合的不可缺少的重要图样之一。建筑剖面图主要表示建筑内部的结构构造、垂直方向的分层情况、各层高度、各层楼地面、屋顶的构造以及各构配件在垂直方向的相互关系等。

剖面图是施工中分层铺设浇筑楼板、屋面板、砌筑内墙和室内装修等的依据。

剖面图的图示内容:

① 被剖切到的墙、梁及其定位轴线。

② 室内底层地面,各层楼面、屋顶、门窗、楼梯、阳台、雨篷、防潮层、踢脚板、室外地面、散水、明沟及室内外装修等剖切到的和可见的内容。

③ 尺寸和标高。

剖面图中应标注相应的标高与尺寸。

标高应标注被剖切到的外墙门窗口的标高,室外地面的标高,檐口、女儿墙顶的标高以及各层楼地面的标高。

尺寸应标注门窗洞口高度、层间高度和建筑总高三道尺寸,室内还应注出内墙上门窗洞口的高度以及内部设施的定位和定形尺寸。

④ 楼地面、屋顶各层的构造。

一般用引出线来说明楼地面、屋顶的构造做法。如果另画详图或已有说明,则在剖面图中用索引符号引出说明。

6.5.4　剖面图的识读

识读剖面图时,首先根据图名对照一层平面图,找到剖切位置及投影方向,然后由剖切位置结合各层平面图,逐层分析剖到哪些内容,投影后看到哪些内容,以便弄清楚剖面图中每条线的含义。

剖面图的识读步骤如下:

① 了解图名及比例;

② 了解剖面图与平面图的对应关系;

③ 了解建筑的结构形式;

④ 了解建筑各部位的尺寸和标高情况;

⑤ 了解楼梯的形式和构造;

⑥ 了解索引详图所在的位置及编号。

6.5.5　剖面图的绘制

画剖面图时应根据底层平面图上的剖切位置确定剖面图的图示内容,做到心中有数。比例、图幅的选择与建筑平面图、立面图相同,剖面图的绘制方法和步骤如下。

1. 选定比例和图幅

不仅要考虑图大小,还要估计注写尺寸、符号和有关说明所需的位置。

2. 画图稿

① 画定位轴线、室内外地坪线、各层楼面线和屋面线,并画出墙身轮廓线。

② 画出楼板、屋顶的构造厚度,再画出门窗洞高度、过梁、圈梁、防潮层、出檐宽度等。

③ 画未剖切到的可见轮廓,如墙垛、梁、阳台、雨篷、门窗等。

3. 加深、加粗图线

认真检查无误后,整理图面,按要求加深、加粗图线,画材料图例。

4. 书写数字、图名等文字

按标准的规定书写数字、图名等文字。

6.6　建筑详图

建筑平面图、立面图、剖面图表达建筑的平面布置、外部形状和主要尺寸,但因绘图比例较小,反映的内容范围大,对建筑的细部构造难以表达清楚。为了满足施工要求,对建筑的细部构造用较大的比例详细地表达出来,这样的图称为建筑详图,有时也叫作大样图。

详图的特点是比例大,反映的内容详尽,常用的比例有 1：50、1：25、1：20、1：10、1：5、1：2、1：1 等。

详图要求图示的内容详尽清楚,尺寸标准齐全,文字说明详尽。一般应表达出构配件的详细构造,所用的各种材料及其规格,各部分的构造连接方法及相对位置关系,各部位、各细部的详细尺寸,有关施工要求、构造层次及制作方法说明等。

建筑详图与平、立、剖面图的关系通过索引符号和详图符号联系起来。详图必须加注图名(或详图符号),详图符号应与被索引的图样上的索引符号相对应,在详图符号的右下侧注写比例。对于套用标准图或通用图的建筑构配件和节点,只需注明所套用图集的名称、型号、页次,可不必另画详图。

建筑详图一般有局部构造详图,如外墙身详图、楼梯详图等;构件详图,如门窗详图、阳台详图等;以及装饰构造详图,如墙裙构造详图、门窗套装饰构造详图等三类详图。本节主要介绍墙身详图和楼梯详图。

6.6.1　外墙身详图

外墙身详图也叫外墙身大样图,实质上是建筑剖面图中外墙身部分的局部放大图。它主要表达墙身与地面、楼面、屋面的构造连接情况以及檐口、圈梁、过梁、雨篷、阳台、门窗顶、窗台、勒脚、防潮层、散水、明沟的尺寸、材料、做法等构造情况,同时要注明各部位的标高和详图索引符号。外墙身详图与平面图配合,是砌墙、室内外装修、门窗安装、编制施工预算以及材料估算等的重要依据。

墙身详图往往在窗洞口断开,因此在门窗洞口处出现双折断线(该部位图形高度变小,但标注的窗洞竖向尺寸不变),成为几个节点详图的组合。在多层房屋中,若各层的构造情况一样,可只画底层墙脚、顶层檐口和中间层(含门窗洞口)三个节点,按上下位置整体排列。有时在外墙详图上引出分层构造,注明楼地面、屋顶等的构造情况,而在建筑剖面图中省略不标。有时墙身详图不以整体形式布置,而把各个节点详图分别单独绘制,也称为墙身节点详图。

墙身详图一般采用 1：20 的比例绘制,墙身详图的线型与剖面图一样,但由于比例较大,所有内外墙应用细实线画出粉刷线以及标注材料图例。墙身详图上所标注的尺寸和标高,与建筑剖面图相同,但应标出构造做法的详细尺寸。

1. 墙身详图的图示内容

① 墙身的定位轴线及编号,墙体的厚度、材料及其墙身与轴线的关系。

② 勒脚、散水节点构造。主要反映墙身防潮做法、首层地面构造、室内外高差、散水做法、一层窗台标高等。

③ 标准层楼层节点构造。主要反映标准层梁、板等构件的位置及其与墙体的联系,构件表面抹灰、装饰等内容。

④ 檐口部位节点构造。主要反映檐口部位包括封檐构造(如女儿墙或挑檐)、圈梁、过梁、屋顶泛水构造、屋面保温、防水做法和屋面板等结构构件。

⑤ 图中的详图索引符号等。

2. 墙身详图的识读

如图 6-34 所示为某建筑的外墙身详图,以此图为例说明墙身详图的识读。

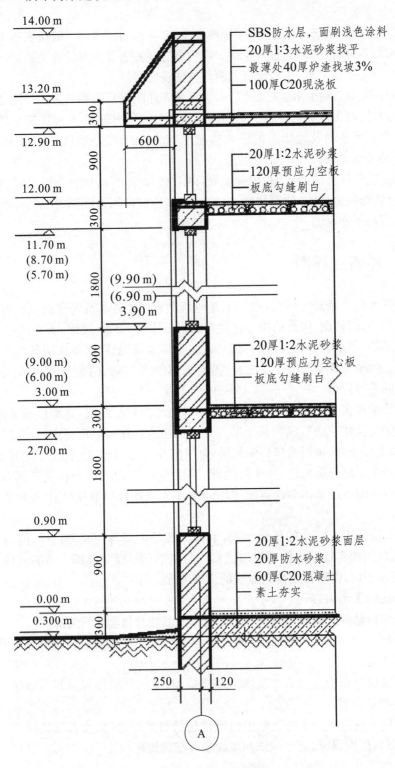

图 6-34　外墙身详图

（1）了解图名、比例

由图 6-34 可知，该图为外墙身详图。

（2）了解墙体的厚度及所属定位轴线

如图 6-34 所示，该墙体为Ⓐ轴外墙，墙体厚度 370 mm，偏轴（以定位轴线为中心，外偏 250 mm，内偏 120 mm）。

（3）了解屋面、楼面、地面的构造层次和做法

从图 6-34 中可知，各构造层次的厚度、材料及做法，详见图中构造引出线上的文字说明。

如首层地面为四层构造，墙身防潮采用 20 mm 防水砂浆，设置于首层地面垫层与面层交接处，地面做法从上至下依次为 20 mm 厚 1∶2 水泥砂浆面层，20 mm 厚防水砂浆，60 mm 厚 C20 混凝土垫层，素土夯实。

标准层楼层构造为 20 mm 厚 1∶2 水泥砂浆面层，120 mm 厚预应力空心楼板，板底勾缝刷白；120 mm 厚预应力空心楼板搁置于横墙上。

屋顶采用架空 900 mm 高的通风屋面，下层板为 120 mm 厚预应力空心楼板，上层板为 100 mm 厚 C20 现浇钢筋混凝土板；采用 SBS 柔性防水，刷浅色涂料保护层；檐口挑出 600 mm。

（4）了解各部位的标高、高度方向的尺寸和墙身细部尺寸

墙身详图应标注室内外地面、各层楼面、屋面、窗台、圈梁或过梁以及檐口等处的标高。同时，还应标注窗台、檐口等部位的高度尺寸及细部尺寸。

从图 6-34 中可知，室内外高差为 300 mm，一层窗台标高为 900 mm，楼层标高分别为 3 000 mm、6 000 mm、9 000 mm，各层窗台高均为 900 mm，窗高度为 1 800 mm 等。

（5）了解门窗立口与墙身的关系

门窗框立口有三种方式，即平内墙面、居墙中、平外墙面。从图 6-34 中可知，窗框采用的是居墙中的方式。

6.6.2　楼梯详图

楼梯是建筑的垂直交通设施，一般由楼梯段、平台和栏杆（栏板）组成。

楼梯详图主要表达楼梯的类型、结构形式、各部位的尺寸及踏步、栏板等装饰做法，是楼梯施工、放样的主要依据。

楼梯的建筑详图一般有楼梯平面图、楼梯剖面图以及踏步和栏杆等节点详图。

1. 楼梯平面图

楼梯平面图实际上是建筑平面图中楼梯间部分的局部放大图，通常采用 1∶50 的比例绘制，如图 6-35 所示。

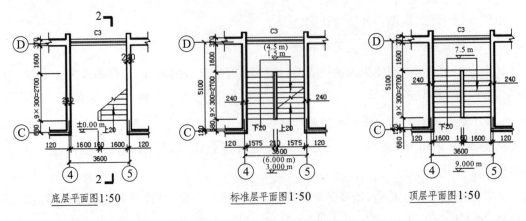

图 6-35　楼梯平面图

楼梯平面图的形成同建筑平面图一样,假想用一个水平剖切平面在该层向上行的第一个梯段的中部剖切开,移去剖切平面及以上部分,将余下部分向下作正投影所得到的图,称为楼梯平面图。

楼梯平面图主要表明梯段的长度和宽度、上行或下行的方向、踏步数和踏面宽度、楼梯休息平台的宽度、栏杆扶手的位置以及其他一些平面形状。

楼梯平面图需分层绘制,通常要分别画出底层楼梯平面图、顶层楼梯平面图及中间各层的楼梯平面图。如果中间各层的楼梯位置、踏步数、梯段长度都完全相同,可以只画一个中间层楼梯平面图,这种相同的中间层的楼梯平面图称为标准层楼梯平面图。在标准层楼梯平面图中的楼层地面和休息平台上应标注出各层楼面及平台面相应的标高,其次序应由下而上逐一注写。

楼梯平面图中,楼梯段被水平剖切后,其剖切线是水平线,而各级踏步也是水平线,为了避免混淆,规定剖切处画 45°折断线。

楼梯平面图中,梯段的上行或下行方向是以各层楼地面为基准标注的。向上者称为上行,向下者称为下行,并用长线箭头和文字在梯段上注明"上""下"的方向及踏步总数。

在楼梯平面图中,除注明楼梯间的开间和进深尺寸、楼地面和平台面的尺寸及标高外,还需注出各细部的详细尺寸。通常用踏步数与踏步宽度的乘积来表示梯段的长度。

通常三个平面图画在同一张图纸内,并互相对齐,这样既便于识读,又可省略标注一些重复的尺寸。

(1) 楼梯平面图的识读步骤

① 了解楼梯在建筑平面图中的位置及有关轴线的布置。

由图 6-35 可知,该楼梯间位于Ⓒ～Ⓓ轴、④～⑤轴之间。

② 了解楼梯间、楼梯段、梯井、休息平台等处的平面形式、位置、尺寸以及踏步的宽度和踏步的级数。

由图 6-35 可知,该楼梯为平行双跑楼梯,楼梯间为开敞式,平面为矩形,其开间 3 600 mm,进深 5 100 mm,梯井宽 160 mm,梯段长 2 700 mm、宽 1 600 mm,平台宽 1 600 mm,每层踏步数为 20 级。

③ 了解楼梯间的墙、门窗的平面位置、编号和尺寸。

由图 6-35 可知,该楼梯间处内墙宽 240 mm,外墙宽 370 mm,外墙窗的编号为 C-3,门窗的规格、尺寸详见门窗表。

④ 了解楼梯的走向及上、下起步的位置。

楼梯的走向用箭头表示。由各层平面图上的指示线,可看出楼梯的走向。如图 6-35 所示,第一个梯段踏步的起步位置距ⓒ轴 680 mm。

⑤ 了解楼梯间各楼层平面、休息平台面的标高。

由图 6-35 可知,该楼梯间一、二、三层平台的标高分别为 1 500 mm、4 500 mm、7 500 mm。

⑥ 了解中间层平面图中不同梯段的投影形状。

中间层平面图既要画出剖切后往上走的上行梯段(注有"上"字),还要画出该层往下走的下行的完整梯段(注有"下"字),继续往下的另一个梯段有一部分投影可见,用 45°折断线作为分界,与上行梯段组合成一个完整的梯段。

各层平面图上所画的每一分格,表示一级踏面。平面图上梯段踏面投影数比梯段的步级数少 1,如平面图中矩形部分往下走的第一段共有 10 级,而在平面图中只画有 9 格。梯段水平投影长为 9×300 mm＝2 700 mm。

⑦ 了解楼梯剖面图在楼梯底层平面图中的剖切位置及投影方向。

由图 6-35 可知,底层楼梯平面图的剖切符号为 2-2,并表示出剖切位置及投影方向。

(2) 楼梯平面图的绘制

① 根据楼梯间的开间、进深尺寸,画楼梯间定位轴线、墙身以及楼梯段、楼梯平台的投影位置,如图 6-36(a)所示;

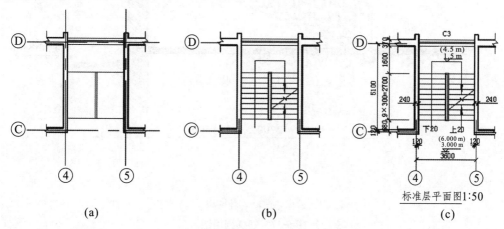

图 6-36　楼梯平面图绘制

② 用平行线等分楼梯段,画出各踏面的投影,如图 6-36(b)所示;

③ 画出栏杆、楼梯折断线、门窗等细部内容,并画出定位轴线,标出尺寸、标高和楼梯剖切符号等;

④ 写出图名、比例、说明文字等,如图 6-36(c)所示。

2. 楼梯剖面图

楼梯剖面图实际上是在建筑剖面图中楼梯间部分的局部放大图,如图 6-37 所示。

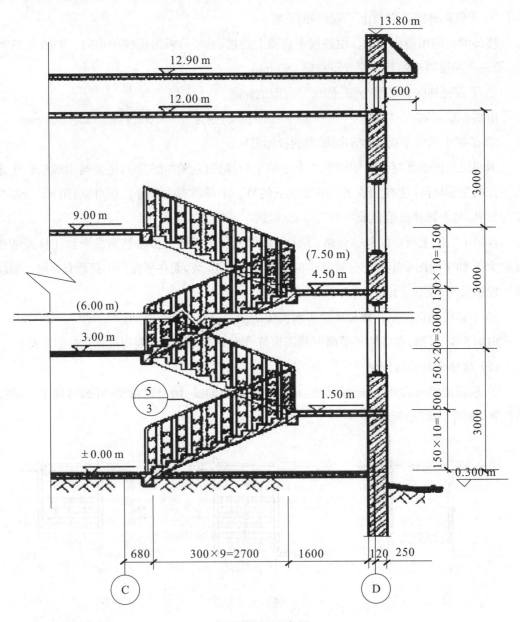

2-2楼梯剖面图1:50

图 6-37　楼梯剖面图

　　楼梯剖面图是假想用一个铅垂的剖切平面,通过各层的一个楼梯段,将楼梯剖开向另一个未剖到的梯段方向作正投影,所得到的剖面图。通常采用 1∶50 的比例绘制。楼梯剖面图宜和楼梯平面图画在同一张图纸上。

　　楼梯剖面图需清楚地注明各层楼(地)面的标高,楼梯段的高度、踏步的宽度和高度、级数及楼地面、楼梯平台、墙身、栏杆、栏板等的构造做法及其相对位置。

　　楼梯剖面图的剖切符号在底层楼梯平面图中画出。剖切平面一般应通过第一跑,并位于能剖到门窗洞口的位置上。

　　在多层建筑中,若中间层楼梯完全相同,楼梯剖面图可只画出底层、中间层、顶层的楼梯剖面,在中间层处用折断线符号分开,并在中间层的楼面和楼梯平台面上注写适用于其他中间层楼面的标高。若楼梯间的屋面构造做法没有特殊之处,一般不再画出。

　　在楼梯剖面图中,应标注楼梯间的进深尺寸及轴线编号,各梯段和栏杆、栏板的高度尺寸,楼地面的标高以及楼梯间外墙上门窗洞口的高度尺寸和标高。梯段的高度尺寸可用级数与踏面高度的乘积来表示,应注意的是级数与踏面数相差为 1,即踏面数=级数-1。

　　(1) 楼梯剖面图的识读步骤

　　① 了解图名、比例。

　　由图 6-37 的"2-2 楼梯剖面图",可在楼梯底层平面图中找到相应的剖切位置和投影方向,比例为 1∶50。

　　② 了解轴线编号和轴线尺寸。

　　该剖面图墙体轴线编号为 ⓒ、ⓓ,其轴线尺寸为 5 100 mm。

　　③ 了解楼梯的构造形式。

　　该楼梯为平行双跑楼梯,现浇钢筋混凝土制作。

　　④ 了解楼梯段、平台、栏杆、扶手等相互间的连接构造。

　　从图中的详图索引符号可知扶手、栏板和踏步的详图位置。

　　⑤ 了解楼梯的竖向尺寸和各处标高。

　　2-2 剖面图的右侧标注每个梯段的竖向尺寸,如"$150 \times 10 = 1\ 500$",其中"10"表示踏步数,"150"表示踏步高。楼梯休息平台标高分别为 1 500 mm、4 500 mm、7 500 mm,楼层平台标高分别为 3 000 mm、6 000 mm、9 000 mm。

　　(2) 楼梯剖面图的绘制

　　① 画定位轴线及各楼面、休息平台、墙身线,如图 6-38(a)所示。

　　② 确定楼梯踏步的起点,用等分平行线间距离的方法,画出楼梯剖面图上各踏步的投影,如图 6-38(b)所示。

　　③ 擦去多余线条,画楼地面、楼梯休息平台、踏步板的厚度以及楼层梁、平台梁等其他细部内容,如图 6-38(c)所示。

　　④检查无误后,加深、加粗并画详图索引符号,最后标注尺寸、图名等,如图6-38(d)

所示。

3. 楼梯节点详图

楼梯节点详图主要包括栏杆详图、扶手详图以及踏步详图。它们分别用索引符号与楼梯平面图或楼梯剖面图联系。

栏板与扶手详图主要表明栏板及扶手的形式、大小、所用材料及其与踏步的连接等情况。踏步详图表明踏步的截面尺寸、大小、材料及面层的做法。

楼梯节点详图常选用建筑构造通用图集中的节点做法，与详图索引符号对照可查阅有关标准图集，得到它们的断面形式、细部尺寸、用料、构造连接及面层装修做法等。

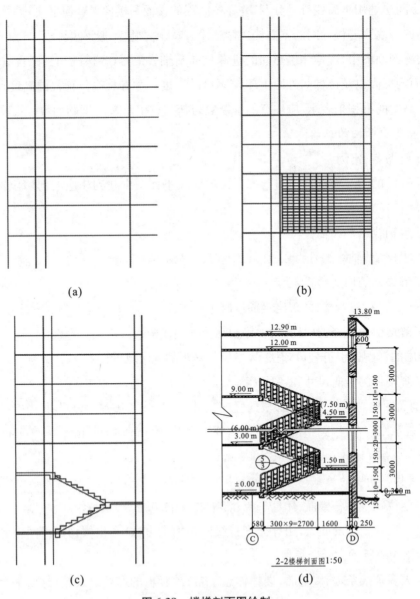

(a)　　　　　　　　　　　　　　(b)

(c)　　　　　　　　　　　　　　(d)

图 6-38　楼梯剖面图绘制

6.7　装饰施工图

6.7.1　装饰施工图的形成

装饰施工图是用于表达建筑物室内外装饰美化要求的施工图样。采用正投影等投影法反映建筑的装饰结构、装饰造型、饰面处理,以及反映家具、陈设、绿化等布置内容。

装饰施工图的图示原理与建筑施工图完全一样,是用正投影的方法,制图同样要遵守《房屋建筑制图统一标准》(GB/T 50001—2010)的要求。

装饰施工图通常是在建筑施工图的基础上绘制出来的。与建筑施工图相比,装饰施工图侧重反映装饰材料及其规格、装饰构造及其做法、饰面颜色、施工工艺以及装饰件与建筑构件的位置关系和连接方法等。绘图时通常选用一定的比例,采用相应的图例符号(或文字注释)和标注尺寸,标高等加以表达,必要时还可采用透视图、轴测图等辅助表达手段,以利识读。

建筑装饰设计需经方案设计和施工图设计两个阶段。方案设计阶段一般是根据甲方的要求、现场情况以及有关规范、设计标准等,用平面布置图、室内立面图、楼地面平面图、透视图、文字说明等将设计方案表达出来。而施工图设计阶段是在前者的基础上,经修改、补充,取得合理的方案后,经甲方同意或有关部门审批后,再进入此阶段。

6.7.2　装饰施工图的分类

一套完整的装饰施工图一般由以下几个部分组成:
① 装饰设计说明。
② 装饰平面图。

装饰平面图一般包括平面布置图、楼地面平面图和顶棚平面图,若地面装饰较简单,楼地面图不必单独绘制,可在平面布置图中一并绘制。
③ 装饰立面图。
④ 装饰剖面图。
⑤ 装饰详图。
⑥ 家具图。

其中装饰设计说明、装饰平面图和装饰立面图为基本图样,表明装饰工程内容的基本要求和主要做法;装饰详图为装饰施工的详细图样,用于表明细部尺寸、凹凸变化、工艺做法等;家具图用来指导家具的施工。

6.7.3　装饰施工图的有关规定

装饰施工图与建筑施工图的图示方法、尺寸标注、图例代号等基本相同。因此,其制图与表达应遵守现行建筑制图标准的规定。

1. 比例

绘图所用的比例,应根据图样的用途和被绘对象的复杂程度,从表 6-7 中选用(优先选用常用比例)。一般情况下,一个图样应选用一种比例。

表 6-7　装饰施工图常用比例

序号	图样名称	常用比例	可用比例
1	装饰平面图、立面图和剖面图等	1∶50、1∶100、1∶150	1∶40、1∶60、1∶80
2	装饰详图	1∶1、1∶2、1∶5、1∶10、1∶20	1∶3、1∶4、1∶6、1∶15、1∶25、1∶30

2. 图例

装饰施工图是在建筑施工图的基础上,省略了建筑施工图的详细尺寸、地面标高和门窗编号,结合环境艺术设计的要求,更详细地表达了建筑空间的装饰做法及整体效果。它既表明了墙、地、顶棚三个界面的装饰构造、造型处理和装饰做法,又图示了家具、织物、陈设、绿化等的布置。

在装饰平面图中,为简化构图使图样清晰,常用图例符号来表示常用的设施及构配件。图例符号的使用应遵守《房屋建筑制图统一标准》(GB/T 50001—2010)的有关规定,图例符号一般以简洁、象形为原则。

常用的装饰图例如表 6-8 所示。

表 6-8　常用的装饰图例

名称	图例	名称	图例	名称	图例
双人床	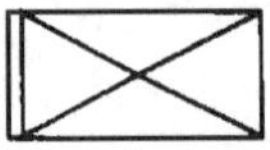	浴盆		灶具	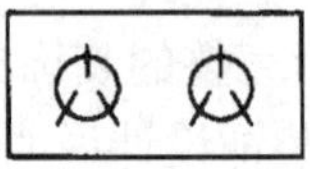
单人床	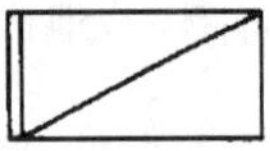	蹲便器		洗衣机	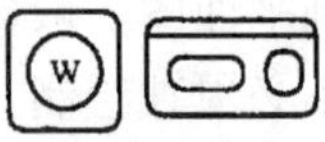
沙发		坐便器		空调器	
凳、椅		洗手盆	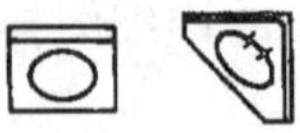	吊扇	
桌、茶几		洗菜盆		电视机	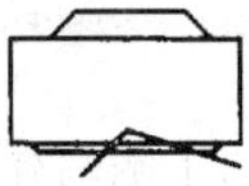

名称	图　例	名称	图　例	名称	图　例
地毯		拖布池		台灯	
花卉、树木		淋浴器	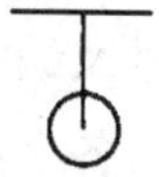	吊灯	
衣橱	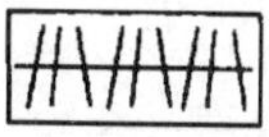	地漏	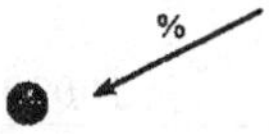 %	吸顶灯	
吊柜	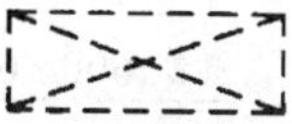	帷幔		壁灯	

3. 字体、图线等其他制图要求

字体、图线等其他制图要求与房屋建筑工程施工图相同。

6.7.4　装饰平面布置图

1. 平面布置图的形成

平面布置图是假想用一个水平的剖切平面,沿需装饰的房间的门窗洞口处作水平全剖切,移去上面部分,对剩下部分所作的水平正投影图。

平面布置图的比例一般采用 1∶100、1∶50,内容比较少时采用 1∶20。

建筑平面图与平面布置图的形成方法是一致的,主要区别是它们的图示内容。前者用于反映建筑基本结构,后者在反映建筑基本结构的同时,着重反映室内环境要素,如家具与陈设等。

平面布置图一般采用简化的建筑结构,突出装饰布局的画图方法,对剖切到的墙、柱等结构体的轮廓用粗实线或涂黑表示;未剖切到但能看到的内容用细实线表示,如家具、地面分格、楼梯台阶、门扇的开启线等。

2. 图示内容

平面布置图主要表示建筑的墙、柱、门窗洞口的位置和门的开启方式;表示隔断、屏风、帷幕等空间分隔物的位置和尺寸;表示台阶、坡道、楼梯、电梯的形式及地坪标高的变化;表示卫生洁具和其他固定设施的位置和形式;表示家具、陈设的形式和位置等。

现以某宾馆会议室为例,说明平面布置图的内容,如图 6-39 所示。

① 建筑平面图的基本内容。

通过定位轴线及编号,表明装饰空间在建筑空间内的平面位置及其与建筑结构的相互关系尺寸,如房间的分隔与组合、门的开启方式等。

②装饰空间的结构形式、平面形状、尺寸和饰面的材料、工艺要求等。图上的尺寸有三种:一是建筑结构体的尺寸;二是装饰布局和装饰结构的尺寸;三是家具、设备等尺寸。

③门窗的位置、平面尺寸、门的开启方式及墙柱的断面形状及尺寸。

④室内家具、陈设、织物、卫生洁具及所有固定的设备等。

⑤水池、喷泉、假山、绿化等景物。

⑥剖面位置及剖视方向的剖面符号及编号、内视符号(又称立面指向符号)。

⑦不同地坪的标高、详图索引符号、各个房间的名称等。

⑧图名、比例及必要说明等。

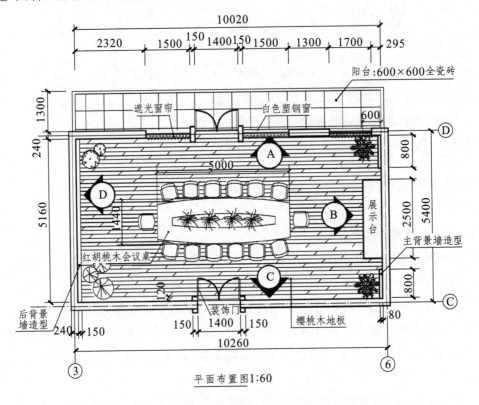

平面布置图 1:60

图 6-39　某宾馆会议室平面布置图

6.7.5　装饰顶棚平面图

1. 顶棚平面图的形成

顶棚平面图是假想用一个水平剖切平面,在顶棚下方通过门窗洞的位置将房屋剖开后,移去下面部分,对剖切平面上方的部分所作的镜像投影图。用以表达顶棚造型、材料及灯具、消防和空调系统等设备的位置、尺寸等,如图 6-40 所示。

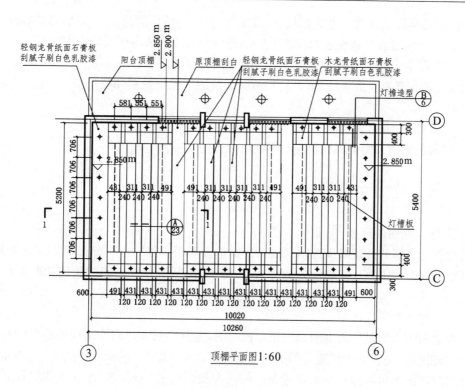

图 6-40　某宾馆会议室顶棚平面图

在顶棚平面图中剖切到的墙柱用粗实线绘制,未剖切到但能看到的顶棚、灯具、风口等用细实线绘制。

镜像投影原理如图 6-41 所示,将镜面代替投影面,物体在平面镜面中的反射图像的正投影称为镜像投影。镜像投影图应在图名后注写"镜像"两字,并加括号。

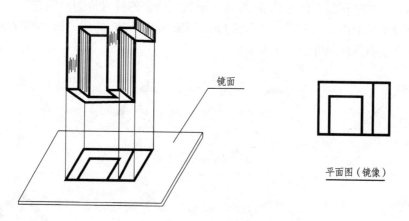

图 6-41　镜像投影

2. 图示内容

① 建筑平面图的基本内容。

此项内容和建筑平面图基本相同,但门只画出门洞边线,不画门扇和开启线。

② 顶棚的形式与造型。

顶棚的造型样式及其定形定位尺寸、各级标高,装饰所用的材料及规格、各级标高。

③ 灯具的符号及具体位置(灯具的型号、规格和安装方法由电气施工图反映)。

④ 有关附属设施的外露件的规格、定位尺寸、窗帘的图示。

附属设施主要有空调系统的送风口、消防系统的烟感报警器和喷淋头、电视音响系统的有关设施。

⑤ 索引符号、说明文字。

⑥ 图名及比例。图名和比例应和平面布置图协调一致。

6.7.6 装饰立面图

1. 装饰立面图的形成

将建筑物装饰的外观墙面或内部墙面向铅垂投影面所作的正投影图就是装饰立面图。

装饰立面图上主要反映墙面的装饰造型、饰面处理,以及剖切到的顶棚的断面形状、投影到的灯具或风管等内容。装饰立面图常用比例为 1∶100、1∶50 或 1∶25。室内墙面的装饰立面图一般选用较大比例。

室内立面图通常是指内部墙面的正立投影图,主要用来表达内墙立面的形状、装修做法和其上的陈设等,是装饰工程施工图中的主要图样之一,是确定内墙面做法的主要依据。

室内立面图的名称应与平面布置图中的内视投影符号一致,如"A 立面图""B 立面图"等。各向立面图应尽可能画在同一图纸上,甚至可把相邻的立面图连接起来,便于展示室内空间的整体布局。图中用粗实线表示外轮廓线,用中实线表示墙面上的门窗、装饰件的轮廓线等,用细实线表示其他图示内容和尺寸线、引出线等。

2. 立面指向符号(内视符)

为了表示室内立面在平面上的位置,应在平面图中用立面指向符号注明视点位置、方向及立面的编号。在建筑制图国家标准中,将表示装修墙面的符号称为内视符。

立面指向符号的内切圆直径为 8~12 mm,用细实线绘制,外切方形尖端涂黑并指向装修墙面的垂直投射方向,如图 6-42 所示。

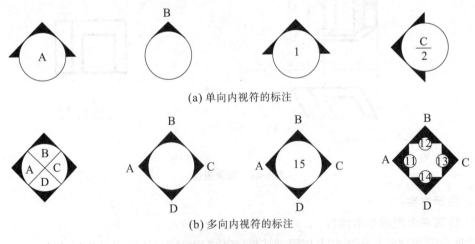

(a) 单向内视符的标注

(b) 多向内视符的标注

图 6-42 立面指向符号

装修墙面的名称用字母或数字表示,注在圆内、圆外均可。立面指向符号圆中水平直径上方的编号宜采用阿拉伯数字或大写字母,按顺时针方向依次连续排列,即为立面图编号,下方的数字则为立面图所在的图纸编号。

3. 装饰立面图的图示内容

如图 6-43 所示,是某宾馆会议室的 A 向立面图和 B 向立面图。

① 墙面装饰造型的构造方式、装饰材料(一般用文字说明)、陈设、门窗造型等。

② 墙面所用设备(灯具、暖气罩等)和附墙固定家具的规格尺寸、定位尺寸等。

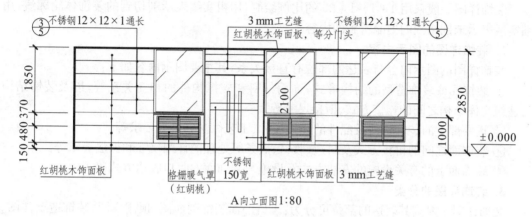

A 向立面图 1:80

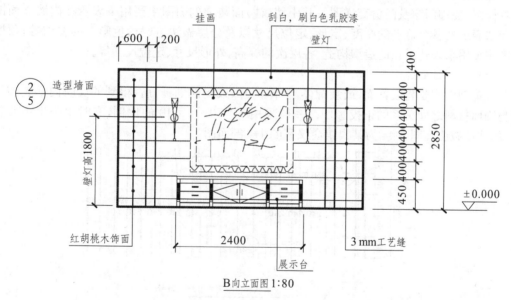

B 向立面图 1:80

图 6-43　某宾馆会议室立面图

③ 顶棚的高度尺寸及其叠级(凸出或凹进)造型的构造关系和尺寸,墙面与顶棚面的衔接收口方式等。

④ 尺寸标注、相对标高等。标注壁饰、装饰线等造型定形尺寸、定位尺寸;楼地面标高、吊顶天花标高等。

⑤ 说明文字、索引符号、剖切符号、图名和比例等。

6.7.7　装饰详图

1. 装饰详图的形成与表达

装饰详图是对平面布置图等图样未表达清楚部位进一步放大比例所绘出的详细图样，以进一步表达细部的构造、尺寸及工艺。

装饰详图一般采用 1：1～1：20 的比例绘制，用粗实线表示剖切到的装饰体轮廓线，用细实线表示未剖切到的但能看到的内容。

2. 装饰详图的图示内容

装饰详图的图示内容与表达的部位有直接关系，其主要图示内容如下：

① 装饰面或装饰造型的结构形式，饰面材料和支撑构件的相互关系等，以及装饰结构与建筑主体结构之间的连接方式、衔接尺寸等。

② 重要部位的装饰构件及配件的详细尺寸、工艺做法和施工要求等。

③ 装饰面之间的拼接方式及封边、收口、嵌条等处理的详细尺寸和做法要求等。

④ 装饰面上的有关设施的安装方式及设施与装饰面的收口收边方式等。

3. 装饰详图的分类

装饰详图一般按其表达的部位可分为：墙（柱）面装饰剖面图、顶棚详图、装饰造型详图、家具详图、装饰门窗及门窗套详图。其中墙（柱）面装饰剖面图主要用来表示在内墙立面图中无法表现的各个造型的厚度、定形、定位尺寸以及分层做法、选材、色彩上的要求等；顶棚详图主要用来表达吊顶的造型构造、各层次的标高、外形尺寸、定位尺寸等。

（1）装饰剖面图

装饰剖面图是将装饰面（或装饰体）整体剖开（或局部剖开）后，得到的反映内部装饰结构与饰面材料之间关系的正投影图。一般采用 1：50～1：10 的比例，有时也画出主要轮廓、尺寸及做法。图 6-44 为某宾馆会议室的 1-1 剖面图。

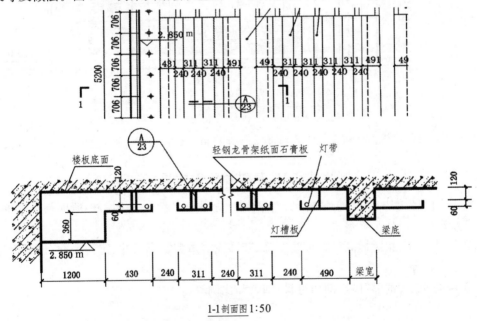

1-1 剖面图 1:50

图 6-44　某宾馆会议室剖面图

（2）局部节点大样图

局部节点详图是在平面图、立面图和剖面图中未表达清楚的部分，用较大的比例画出的用于施工图的图样(也称作大样图)。图 6-45 为某宾馆会议室的顶棚节点大样图。

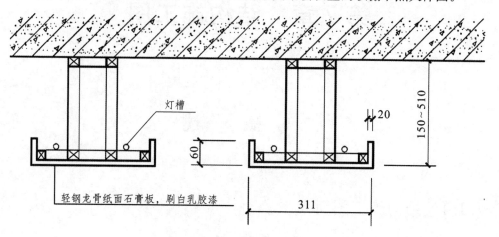

图 6-45　某宾馆会议室的顶棚节点大样图

第7章 结构施工图

7.1 概 述

7.1.1 结构施工图简介

在房屋建筑结构中,结构的作用是承受重力和传递荷载,一般情况下,外力作用在楼板上,由楼板将荷载传递给墙或梁,由梁传给柱或墙,再由柱或墙传递给基础,最后由基础传递给地基。

建筑结构按照主要承重构件所采用的材料不同,一般可分为砖混结构、钢筋混凝土结构、钢结构和木结构等,我国现在应用最普遍的是钢筋混凝土结构和砖混结构。

结构施工图是根据建筑要求,经过结构选型和构件布置并进行力学计算,确定每个承重构件(基础、承重墙、柱、梁、板、屋架、屋面板等)的布置、形状、大小、数量、类型、材料以及内部构造等,把这些承重构件的位置、大小、形状、连接方式绘制成图样,用来指导施工,这样的图样称为结构施工图,简称"结施"。

结构施工图是施工定位,施工放样,基槽开挖,支模板,绑扎钢筋,设置预埋件,浇注混凝土,安装梁、柱、板等构件,编制预算和施工进度计划的重要依据。

本章以钢筋混凝土结构和砖混结构为例,介绍结构施工图的识读方法。

7.1.2 结构施工图的组成

1. 结构设计说明

结构设计说明是带有全局性的说明,包括新建建筑的结构类型、耐久年限、地震设防烈度、防火要求、地基状况,钢筋混凝土各种构件、砖砌体、施工缝等部分选用材料类型、规格、强度等级,施工注意事项,选用的标准图集,新结构与新工艺及特殊部位的施工顺序、方法及质量验收标准等。

2. 结构平面布置图

结构平面布置图是表达结构构件总体平面布置的图样,包括基础平面图(工业建筑还包括设备基础布置图)、楼层结构平面图(工业建筑还包括柱网、吊车梁、柱间支撑、连系梁布置图等)、屋面结构平面图(工业建筑还包括屋面板、天沟板、屋架、天窗架及支撑布置等)。

3. 构件详图

构件详图是局部性的图纸,表达构件的形状、大小、所用材料的强度等级和制作安装要求等。包括基础断面详图,梁、板、柱等构件详图,楼梯结构详图,屋架结构详图等。

7.1.3　常用结构构件代号

房屋结构中的承重构件往往种类多、数量多,而且布置复杂,为了图面清晰,把不同的构件表达清楚,也为了便于施工,在结构施工图中,结构构件的位置用其代号表示,每个构件都应有个代号。《建筑结构制图标准》(GB/T 50105—2010)中规定这些代号用构件名称汉语拼音的第一个大写字母表示。要识读结构施工图,必须熟悉各类构件代号,常用构件代号如表 7-1 所示。

表 7-1　常用构件代号

序号	名　称	代号	序号	名　称	代号	序号	名　称	代号
1	板	B	19	圈梁	QL	37	承台	CT
2	屋面板	WB	20	过梁	GL	38	设备基础	SJ
3	空心板	KB	21	连系梁	LL	39	桩	ZH
4	槽形板	CB	22	基础梁	JL	40	挡土墙	DQ
5	折板	ZB	23	楼梯梁	TL	41	地沟	DG
6	密肋板	MB	24	框架梁	KL	42	柱间支撑	ZC
7	楼梯板	TB	25	框支梁	KZL	43	垂直支撑	CC
8	盖板或沟盖板	GB	26	屋面框架梁	WKL	44	水平支撑	SC
9	挡雨板或檐口板	YB	27	檩条	LT	45	梯	T
10	吊车安全走道板	DB	28	屋架	WJ	46	雨篷	YP
11	墙板	QB	29	托架	TJ	47	阳台	YT
12	天沟板	TGB	30	天窗架	CJ	48	梁垫	LD
13	梁	L	31	框架	KJ	49	预埋件	M-
14	屋面梁	WL	32	刚架	GJ	50	天窗端壁	TD
15	吊车梁	DL	33	支架	ZJ	51	钢筋网	W
16	单轨吊车梁	DDL	34	柱	Z	52	钢筋骨架	G
17	轨道连接	DGL	35	框架柱	KZ	53	基础	J
18	车挡	CD	36	构造柱	GZ	54	暗柱	AZ

注:1. 预制钢筋混凝土构件、现浇钢筋混凝土构件、钢构件和木构件,一般可直接采用本表中的构件代号;
　　在绘图中当需要区别上述构件的材料种类时,可在构件代号前加注材料代号,并在图纸中加以说明。
　　2. 预应力钢筋混凝土构件的代号,应在构件代号前加注"Y-",如 Y-DL 表示预应力钢筋混凝土吊车梁。

7.1.4　结构施工图图线的选用

《建筑结构制图标准》(GB/T 50105—2010)中规定建筑结构制图图线应按表 7-2 所示选用。

表 7-2 结构施工图图线的选用

名称		线　型	线　宽	一般用途
实线	粗	——————————	b	螺栓、主钢筋线、结构平面图中的单线结构构件线、钢木支撑及系杆线,图名下横线、剖切线
	中	——————————	$0.5b$	结构平面图及详图中剖到或可见的墙身轮廓线、基础轮廓线、钢、木结构轮廓线、箍筋线、板钢筋线
	细	——————————	$0.25b$	可见的钢筋混凝土的构件的轮廓线、尺寸线、标注引出线,标高符号,索引符号
虚线	粗	— — — — — —	b	不可见的钢筋、螺栓线,结构平面图中的不可见的单线结构构件线及钢、木支撑线
	中	— — — — — —	$0.5b$	结构平面图中的不可见构件、墙身轮廓线及钢、木构件轮廓线
	细	- - - - - - - -	$0.25b$	基础平面图中的管沟轮廓线、不可见的钢筋混凝土构件轮廓线
单点长画线	粗	—— — —— — ——	b	柱间支撑、垂直支撑、设备基础轴线图中的中心线
	细	—— — —— — ——	$0.25b$	定位轴线、对称线、中心线
双点长画线	粗	—— — — —— — —	b	预应力钢筋线
	细	—— — — —— — —	$0.25b$	原有结构轮廓线
折断线		——／\——	$0.25b$	断开界线
波浪线		～～～～～	$0.25b$	断开界线

7.1.5　结构施工图的比例

结构施工图比例应按表 7-3 选用。

表 7-3 结构施工图比例的选用

图　名	常用比例	可用比例
结构平面图、基础平面图	1：50、1：100、1：150、1：200	1：60
圈梁平面图、总图中管沟、地下设施等	1：200、1：500	1：300
详图	1：10、1：20	1：5、1：25、1：4

7.1.6 钢筋混凝土知识简介

混凝土是由水、水泥、砂子、石子等材料按一定的配合比拌和,并经一定时间的硬化而成的建筑材料。硬化后其性能和石头相似,也称为人造石。混凝土具有体积大、自重大、导热系数大、耐久性长、耐水、耐火、耐腐蚀、造价低廉、可塑性好、抗压强度大等优点,可制成不同形状的建筑构件,是目前建筑材料中使用最广泛的建筑材料。混凝土抗压能力强,抗拉能力弱,当其作为受拉构件时,在受拉区域会出现裂缝,导致构件断裂,如图 7-1(a)所示,为了解决这个问题,充分利用混凝土的抗压能力,在混凝土的受拉区域配置一定数量的钢筋,使钢筋承受拉力,混凝土承受压力,共同发挥作用,这就是钢筋混凝土,如图 7-1(b)所示。根据混凝土的抗压强度,混凝土的强度等级分为 C15、C20、C25、C30、C35、C40、C45、C50、C55、C60、C65、C70、C75、C80 共 14 个等级,数字越大,表示混凝土抗压强度越高。

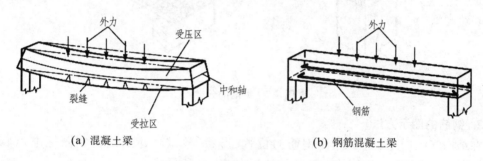

(a) 混凝土梁   (b) 钢筋混凝土梁

图 7-1 钢筋混凝土梁受力示意图

钢筋混凝土构件的制作有现浇和预制两种:① 在工程现场构件所在位置直接浇注而成,称为现浇钢筋混凝土构件;② 在施工现场以外的工厂预先制作好,然后运输到施工现场吊装而成,称为预制钢筋混凝土构件。

1. 钢筋的作用与分类

配置在钢筋混凝土构件中的钢筋,按其所起的作用可分为以下几类。

(1) 受力筋

承受拉力或压力的钢筋称为受力筋,在梁、板、柱等各种钢筋混凝土构件中都有配置,钢筋的直径和根数根据构件受力大小计算确定。受力筋按形状可分为直筋和弯筋。

(2) 架立筋

架力筋一般只在梁中使用,与受力筋、箍筋一起形成钢筋骨架,用以固定箍筋位置。

(3) 箍筋

箍筋一般多用于梁和柱内,用以固定受力筋位置,并承受剪力,一般沿构件的横向和纵向每隔一定的距离均匀布置。

(4) 分布筋

分布筋一般用于板内,与受力筋垂直,用以固定受力筋的位置,与受力筋一起构成钢筋网,使力均匀传递给受力筋,并抵抗热胀冷缩所引起的温度变形。

(5) 构造筋

构造筋是因构件在构造上的要求或施工安装需要而配置的钢筋。

各种钢筋的形式如图 7-2 所示。

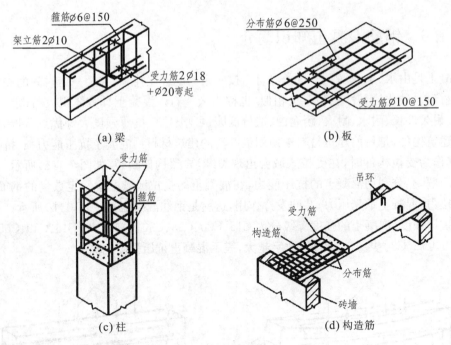

图 7-2　钢筋的分类

2. 钢筋的图示方法

在结构施工图中，为了标注钢筋的位置、形状、数量，《建筑结构制图标准》（GB/T 50105—2010）中规定了钢筋的一般表示方法，如表 7-4 所示。

表 7-4　钢筋的表示方法

序号	名　称	图　例	说　明
1	钢筋横断面	●	—
2	无弯钩的钢筋端部		表示长、短钢筋投影重叠时，短钢筋的端部用 45°斜线表示
3	带半圆形弯钩的钢筋端部		—
4	带直钩的钢筋端部		—
5	带丝扣的钢筋端部		—
6	无弯钩的钢筋搭接		—
7	带半圆弯钩的钢筋搭接		—
8	带直钩的钢筋搭接		—

续表

序号	名　称	图　例	说　明
9	花篮螺纹钢筋接头		—
10	机械连接的钢筋		用文字说明机械连接的方式(冷挤压或锥螺纹等)

3. 保护层和弯钩

为了保护钢筋,防锈蚀、防火和防腐蚀,加强钢筋与混凝土的黏结力,所以规定钢筋混凝土构件的钢筋不允许外露。在钢筋的外边缘与构件表面之间应留有一定厚度的混凝土,这层混凝土称为保护层,保护层的厚度因构件不同而不同,《混凝土结构设计规范》(GB 50010—2010)规定,梁、柱的保护层最小厚度为 25 mm,板和墙的保护层厚度为 10～15 mm,基础中的保护层厚度不小于 35 mm。

为了使钢筋和混凝土具有良好的黏结力,绑扎骨架中的钢筋,应在光圆钢筋两端做成半圆弯钩或直弯钩;变形钢筋与混凝土的黏结力强,两端可不做弯钩。箍筋两端在交接处也要做出弯钩。弯钩的常见形式和画法如图 7-3 所示,图中 d 为钢筋的直径。

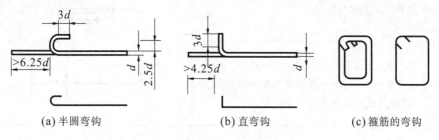

(a) 半圆弯钩　　　　　　　　(b) 直弯钩　　　　　　　　(c) 箍筋的弯钩

图 7-3　钢筋的弯钩

4. 常用钢筋的符号和分类

热轧钢筋是建筑工程中用量最大的钢筋,主要用于钢筋混凝土和预应力混凝土配筋。钢筋有光圆钢筋和变形钢筋之分,热轧光圆钢筋的牌号为 HPB300,热轧变形钢筋的牌号有 HRB335、HRB400 和 RRB400 几种。其强度、代号、规格范围如表 7-5 所示。对于预应力构件中常用的钢绞线、钢丝等可查阅有关的资料,此处不再细述。

表 7-5　常用钢筋的强度、代号及规格

种　类	符　号		d(mm)	f_{yk}(N/mm²)
热轧钢筋	HPB300	ϕ	8～20	300
	HRB335	$\phi\!\!\!/$	6～50	335
	HRB400	$\phi\!\!\!\!/$	6～50	400
	RRB400	$\phi\!\!\!\!/$	8～40	400

注:f_{yk} 为钢筋强度标准值。

5. 钢筋的画法

《建筑结构制图标准》(GB/T 50105—2010)中规定了钢筋的画法,如表 7-6 所示。

表 7-6　钢筋的画法

序号	说　明	图　例
1	在结构平面图中配置双层钢筋时,底层钢筋的弯钩应向上或向左,顶层钢筋的弯钩则向下或向右	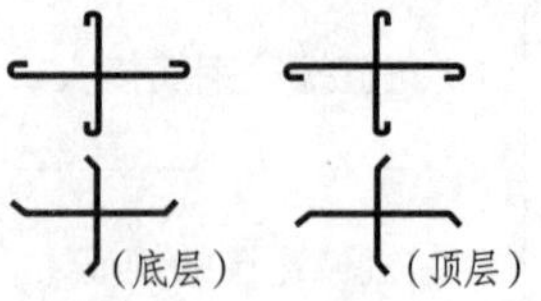 （底层）　　　（顶层）
2	钢筋混凝土墙体配双层钢筋时,在配筋立面图中,远面钢筋的弯钩应向上或向左,而近面钢筋的弯钩应向下或向右(JM 近面;YM 远面)	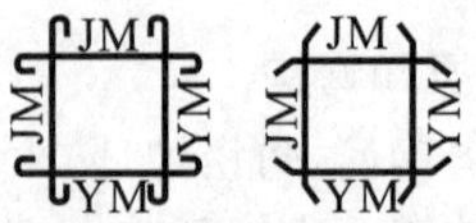
3	若在断面图中不能表达清楚钢筋布置,应在断面图外增加钢筋大样图(如钢筋混凝土墙、楼梯等)	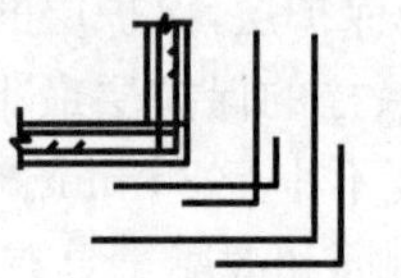
4	图中所表示的箍筋、环筋等若布置复杂,可加画钢筋大样及说明	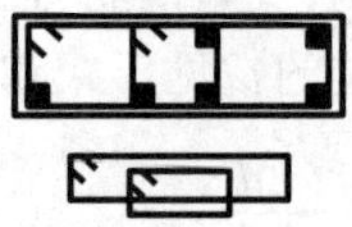
5	每组相同的钢筋、箍筋或环筋,可用一根粗实线表示,同时用一两端带斜短画线的横穿细线,表示其余钢筋及起止范围	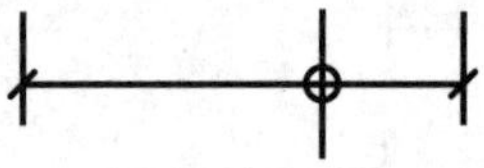

7.1.7　结构施工图的识读

识读结构施工图也是一个由浅入深,由粗到细的渐进过程。在阅读结构施工图前,必须先阅读建筑施工图,由此,建立起立体感,并且在识读结构施工图期间,先看文字说明后看图样;按图纸顺序先粗略地翻看一遍,再详细看每一张图纸。并且在识读结构施工图期间,还应反复核对结构图与建筑图对同一部位的表示,这样才能准确地理解结构图中所表示的内容。虽然每个人的侧重点不同,但应避免只见树木不见森林,要学会纵览全局,这样才能使自己不断进步。

7.2　基　础　图

基础就是建筑物地面±0.000(除地下室)以下承受建筑物全部荷载的构件。基础以下部分称为地基,基础把建筑物上部的全部荷载均匀地传给地基。基础的组成如图 7-4 所示。基坑是为基础施工开挖的土坑;基底是基础的底面;基坑边线是进行基础开挖前测量放线的基线;垫层是把基础传来的荷载均匀地传给地基的结合层;大放脚是把上部荷载分散传给垫层的基础扩大部分,目的是使地基上单位面积所承受的压力减小;基础墙为±0.000以下的墙;防潮层是为了防止地下水对墙体的侵蚀,在地面稍低(约−0.060 m)处设置的一层能防水的建筑材料;从室外设计地面到基础底面的高度称为基础的埋置深度。

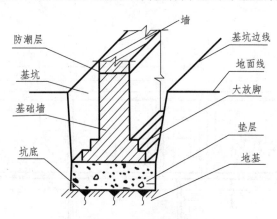

图 7-4 基础的组成

基础的形式很多,通常有条形基础、独立基础、筏板基础、箱形基础等,如图 7-5 所示。条形基础一般用于砖混结构中,独立基础、筏板基础和箱形基础用于钢筋混凝土结构中。基础按材料不同可分为砖基础、混凝土基础、毛石基础、钢筋混凝土基础。

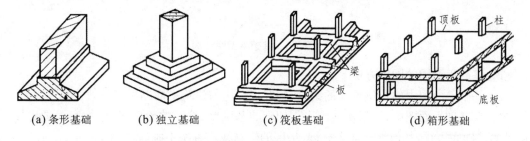

(a) 条形基础   (b) 独立基础   (c) 筏板基础   (d) 箱形基础

图 7-5 基础的形式

基础图主要表示基础的平面布置和做法。一般由基础平面图、基础详图和文字说明组成。主要用于放灰线、挖基槽、砌筑或浇灌基础等,是结构施工图的重要组成部分之一。

7.2.1 基础平面图

1. 基础平面图的形成

基础平面图是假想用一水平剖切平面,沿房屋底层室内地面把整栋房屋剖开,移去剖切平面以上的房屋和基础回填土后,向下作正投影所得到的水平投影图。

2. 基础平面图的主要内容

如图 7-6 所示,基础平面图一般包括以下几个方面的内容:

① 图名、比例、定位轴线及编号。

② 基础墙、柱、基础底面的大小、形状以及与轴线的关系;基础、基础梁及其编号、柱号。如图 7-6 中标注 350、350,说明基础底宽为 700 mm,基础对称。

③ ±0.000 以下的预留孔洞的位置、尺寸、标高。

④ 断面图的剖切位置线和编号。如图 7-6 中的 1-1、2-2 等。

⑤ 轴线尺寸、定位尺寸。

⑥ 文字说明：基础埋置在地基中的位置，基底处理措施，地基的承载能力，对施工的有关要求。

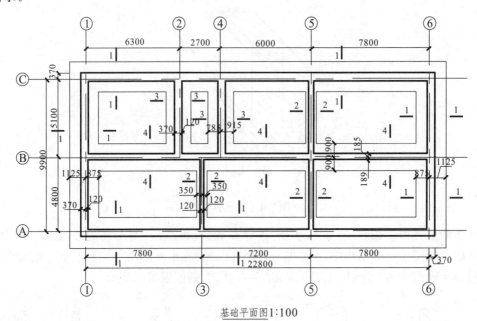

基础平面图1:100

图 7-6　基础平面图

3. 基础平面图的图示方法

① 基础平面图中的定位轴线的编号、轴线尺寸应与建筑平面图保持一致。

② 在基础平面图中，用粗实线画出剖切到的基础墙、柱等的轮廓线，用细实线画出投影可见的基础底边线，其他细部如大放脚、垫层的轮廓线均省略不画。

③ 基础平面图中，凡基础的宽度、墙的厚度、大放脚的形式、基础底面标高、基础底尺寸不同时，均应分别标出断面符号，表示详图的剖切位置和编号。

④ 基础平面图的外部尺寸一般只注两道，即开间、进深等轴线间的尺寸和首尾轴线间的总尺寸。

⑤ 在基础平面图中用虚线表示地沟或孔洞的位置，并注明大小及洞底标高。

7.2.2　基础详图

基础平面图只表明基础的平面布置，而基础各部分的具体构造的形状、尺寸没有表达出来，于是需要画出详图表达基础的形状、尺寸、材料和构造，这就是基础详图。

1. 基础详图的形成

基础详图实质是基础的断面图放大图。用一假想的平面沿垂直于轴线的方向把基础剖开所得到的断面图称为基础详图，如图 7-7 所示。

2. 基础详图的主要内容

如图 7-7 所示,基础详图一般包括以下几个方面的内容:

① 图名、比例。基础断面图一般用较大的比例(1∶20)绘制,以便详细表示出基础断面的形状、尺寸以及与轴线的关系,如图 7-7 所示,垫层厚度为 300 mm,轴线居中。

② 基础断面图中的轴线及编号,表明轴线与基础各部位的相对位置,标注出基础墙、大放脚、基础圈梁与轴线的关系,图 7-7 分别为 1 号轴线和 2 号轴线的基础断面图。

③ 基础断面的形状、材料、大小、配筋。

④ 防潮层的位置和做法。

⑤ 基础断面的详细尺寸和室内外地面、基础底标高。基础详图的尺寸用来表示基础底的宽度及与轴线的关系,也反映基础的深度和大放脚的尺寸。

⑥ 施工要求及说明,包括防潮层的做法及孔洞穿基础墙的要求等。

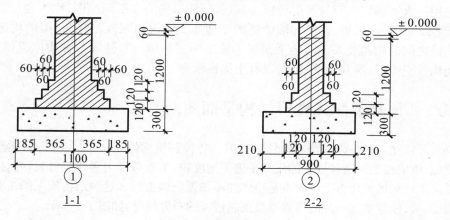

图 7-7　基础详图

7.2.3　基础图的识读

基础图的识读步骤如下:

① 了解图名、比例。

② 结合建筑平面图,了解基础平面图的定位轴线,了解基础与定位轴线间的平面布置、相互关系及轴线间的尺寸。明确墙体与轴线的关系,是对称轴线还是偏轴线;若是偏轴线,要注意哪边宽,哪边窄,尺寸多大。

③ 了解基础、墙、垫层、基础梁等的平面布置、形状尺寸等。

④ 了解剖切编号、位置,了解基础的种类、基础的平面尺寸。

⑤ 通过文字说明,了解基础的用料、施工注意事项等内容。

⑥ 与其他图纸相配合,了解各构件之间的尺寸、关系,了解洞口的尺寸、形状及洞口上方的过梁情况。

⑦ 通过基础详图了解基础的具体做法。

7.3 楼层、屋面结构平面图

楼层结构平面图与屋面结构平面图的表达方法完全相同,这里以楼层结构平面图为例说明楼层结构平面图与屋面结构平面图的识读方法。楼层和屋面一般采用钢筋混凝土结构,钢筋混凝土结构按照施工方法一般分为预制装配式和现浇整体式两类。

7.3.1 楼层结构平面图的形成和作用

假想用一水平剖切平面从各层楼板面剖切,剖切得到的水平剖面图,称为楼层结构平面图。表示各层梁、板、柱、墙、过梁和圈梁等的平面布置情况以及现浇楼板、梁的构造与配筋情况及构件之间的结构关系。结构平面图为施工中安装梁、板、柱等各种构件提供依据,同时为现浇构件支模板、绑扎钢筋、浇筑混凝土提供依据。

7.3.2 预制装配式楼层结构平面图

预制装配式楼盖是由许多预制构件组成的。各种预制构件先在工厂生产,再运至施工现场安装就位,组成楼盖。这种楼盖的优点是施工速度快,节省劳动力和建筑材料,并且造价低,便于机械化生产和机械化施工。缺点是整体性不如现浇楼盖好。这种结构施工图主要表示支承楼盖的墙、梁、柱等结构构件的位置以及预制楼板的布置情况,如图 7-8 所示。

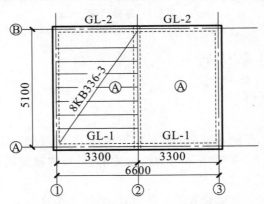

图 7-8 预制装配式楼层结构平面图

预制装配式楼层结构平面图图示方法包括以下几方面内容:
① 图名、比例。结构平面图的比例一般与建筑平面图的比例一致,便于读图。
② 轴线。结构平面图的轴线布置与建筑平面图一致,并标注出与建筑平面图一致的编号和轴线间尺寸、总尺寸,便于确定梁、板等构件的安装位置。
③ 墙、柱。楼层结构平面图是用正投影法得到的,因为楼板压着墙,所以被压的墙身轮廓线画成虚线。
④ 梁、梁垫。在结构平面图中,梁、梁垫用粗单点长画线或粗虚线表示,并标注梁的代

号和编号。

⑤ 预制楼板。对于预制楼板,用粗实线表示楼层平面轮廓,用细实线表示预制板的铺设,在每一开间,按实际投影分块画出楼板,并注写数量及型号。或者在每一开间,画一条对角线,并沿着对角线方向注明预制板数量及型号。对于预制板的铺设方式相同的单元,用相同的编号如甲、乙或 A、B 来表示,而不必一一画出每个单元楼板的布置,如图 7-8 所示。

预制楼板多采用标准图集,因此在楼层结构平面图中标明了楼板的数量、代号、跨度、宽度和荷载等级,板标注的意义如图 7-9 所示。

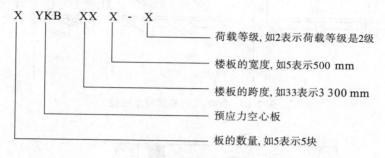

X YKB XX X - X

荷载等级,如2表示荷载等级是2级

楼板的宽度,如5表示500 mm

楼板的跨度,如33表示3 300 mm

预应力空心板

板的数量,如5表示5块

图 7-9 板标注的意义

如 6YKB395-2 表示 6 块预应力空心板,板的跨度为 3 900 mm,板的宽度为 500 mm,荷载等级为 2 级。

楼梯间一般都是现浇板,其结构布置在结构平面图中不表示,用双对角线表示楼梯间,这部分内容在楼梯详图中表示,并在结构平面图中用文字标明。当楼层结构平面图完全对称时,可以只画一半,中间用对称符号表示。

⑥ 过梁。在门窗洞口上为了支承洞口上墙体的重量,并把它传递给两旁的墙体,在洞口上面沿墙放置一道梁,称为过梁。在结构施工图中要标出过梁的代号,如图 7-8 所示。

⑦ 圈梁。为了增强建筑物的整体稳定性,提高建筑物的抗风、抗震和抵抗温度变化的能力,防止地基的不均匀沉降等对建筑物产生的不利影响,常在基础顶面、门窗洞口顶部、楼板和檐口等部位设置连续而封闭的水平梁,称为圈梁,基础顶面的圈梁称为基础圈梁,此时它也充当了防潮层,设在门窗洞口顶部的圈梁常代替过梁。在结构平面图中要标出圈梁的代号。

7.3.3 现浇整体式楼层结构平面图

现浇整体式楼盖由板、主梁、次梁构成,经过绑扎钢筋,支模板,将三者整体现浇在一起,如图 7-10 所示。整体式楼盖的优点是整体性好,抗震性好,适应性强。缺点是模板用量大,现场浇灌工作量大,工期较长,造价较高。

整体式楼盖结构平面图的主要内容,如图 7-11 所示。

① 用重合断面图表达楼盖的形状和梁的布置情况。

② 钢筋的布置情况、形状及编号。钢筋弯钩向上、向左为底部配筋;弯钩向右、向下为顶部钢筋。如 $\phi6@150$ 表示直径为 6 mm 的 I 级钢筋,间隔 150 mm 均匀布置。为了突出钢筋的位置和规格,钢筋用粗实线表示。

③ 与建筑平面图相一致的轴线编号、轴线间的尺寸和总尺寸。

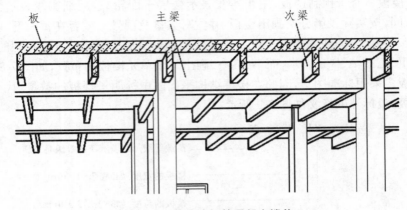

图 7-10　整体式钢筋混凝土楼盖

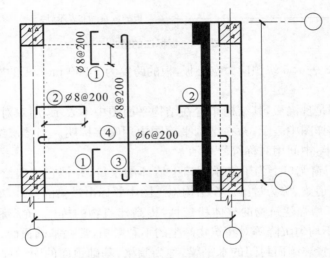

图 7-11　整体式楼盖结构平面图

7.3.4　楼层结构平面图的识读

① 了解图名与比例。楼层结构平面图与建筑平面图、基础平面图的比例一致。

② 了解结构的类型,了解主要构件的平面位置与标高,并与建筑平面图结合了解各构件的位置和标高的对应情况。因为设计时,结构的布置必须满足建筑上使用功能的要求,所以结构布置图与建筑施工图存在对应的关系,比如,墙上有洞口时就设有过梁,对于非砖混结构,建筑上有墙的部位墙下就设有梁。

③ 对应建筑平面图与楼层结构平面图的轴线相对照。

④ 了解各个部位的标高,结构标高与建筑标高相对应,了解装修厚度(建筑标高减去结构标高,再减去楼板的厚度,就是楼板的装修厚度)。

⑤ 若是现浇板,了解钢筋的配置情况及板的厚度。

⑥ 若是预制板,了解预制板的规格、数量和布置情况。

7.4　钢筋混凝土构件详图

　　钢筋混凝土构件是由混凝土和钢筋两种材料浇注而成的,钢筋混凝土构件详图是加工制作钢筋、浇注混凝土的依据,一般包括模板图、配筋图、预埋件详图、钢筋表、文字说明。

　　1. 模板图

　　模板图表示构件的外表形状、大小、预埋件的位置等。外形比较简单的构件一般不单独绘制模板图,只需在配筋图中把构件的尺寸标注清楚就行,当构件比较复杂或有预埋件时才画模板图,模板图的外轮廓线用细实线绘制。

　　2. 配筋图

　　配筋图包括立面图和断面图,主要表示构件内部的钢筋配置情况,它详尽地表达出所配置钢筋的级别、直径、形状、尺寸、数量及摆放位置,是钢筋下料、绑扎的重要依据。画图时,把混凝土构件看成是透明体,构件的外轮廓线用细实线绘制,在立面图上用粗实线表示钢筋,在断面图中用黑圆点表示钢筋的断面,如图 7-12 所示。

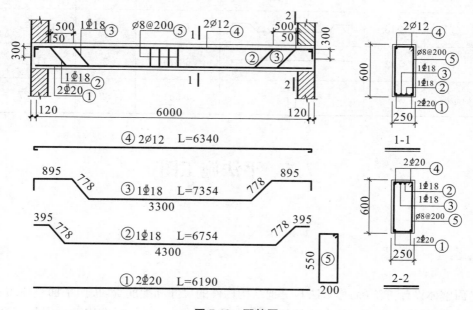

图 7-12　配筋图

　　构件中所配置的钢筋一般规格、级别、尺寸、大小都不相同,为了有所区别,不同钢筋采用不同的编号来表示。编号应用阿拉伯数字按顺序编写,并将数字写在圆圈内,圆圈用直径为 6 mm 细实线绘制,并用引出线指向被编号的钢筋。同时,在引出线的水平线段上,标注出所指钢筋的根数、级别、直径。对于箍筋,可以不标注根数,在等间距符号@后边标出间距大小,具体表示方法如图 7-13 所示。

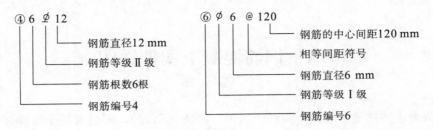

图 7-13　钢筋具体表示方法

3. 钢筋表

在钢筋混凝土构件详图中,除绘制模板图、配筋图外,还需要配有一个钢筋用量表,在预算和工程备料中使用,如表 7-7 所示。

表 7-7　钢筋用量表

钢筋编号	钢筋规格	钢 筋 简 图	单根长度(mm)	根数	总重量(kg)
①	⏁20		6 190	2	30.58
②	⏁18		6 754	1	13.51
③	⏁18		7 354	1	14.71
④	φ12		6 340	2	11.26
⑤	φ8		1 564	32	19.77

7.5　平法施工图

7.5.1　概述

平面整体设计方法(简称平法),是把结构构件的尺寸和配筋等,按照平面整体表示方法制图规则,整体直接表达在各类构件的结构平面布置图上,再与标准构造详图相配合,即构成一套新型完整的结构设计。

平法设计表示各构件尺寸和配筋的方式,分为平面注写方式、列表注写方式和截面注写方式三种。

7.5.2　柱平法施工图的制图规则

柱平法施工图系在柱平面布置图上采用列表注写方式或截面注写方式表达的柱的平法施工图。

1. 列表注写方式

列表注写方式系在柱平面布置图上,分别在同一编号的柱中选择一个(有时需要选择几个)截面标注柱的几何参数代号;在柱表中注写柱号、柱段起止标高、几何尺寸(含柱截面对轴线的偏心情况)与配筋的具体数值,并配以各种柱截面形状及其箍筋类型图的方式,来表达柱平法施工图。

柱平法施工图列表注写方式,包括平面图、箍筋类型图、柱表、结构层楼面标高及结构层高等内容,如图 7-14 所示。

柱表注写内容规定如下:

① 注写柱编号,柱编号由类型代号和序号组成,见表 7-8。

表 7-8　柱编号

柱类型	代　号	序　号
框架柱	KZ	XX
框支柱	KZZ	XX
芯柱	XZ	XX
梁上柱	LZ	XX
剪力墙上柱	QZ	XX

② 注写各段柱的起止标高,自柱根部往上以变截面位置或截面未变但配筋改变处为界分段注写。

③ 注写柱截面尺寸 $b \times h$ 及与轴线关系的几何参数代号 $b1$、$b2$ 和 $h1$、$h2$ 的具体数值,须对应于各段柱分别注写。

④ 注写柱纵筋。当柱纵筋直径相同,各边根数也相同时,将纵筋注写在"全部纵筋"一栏中;除此之外,柱纵筋分角筋、截面 b 边中部筋和 h 边中部筋三项分别注写(对于采用对称配筋的矩形截面柱,可仅注写一侧中部筋,对称边省略不注)。

⑤ 注写箍筋类型号及箍筋肢数,绘制箍筋类型图。

⑥ 注写柱箍筋,包括钢筋级别、直径与间距。

当为抗震设计时,用斜线"/"区分柱端箍筋加密区与柱身非加密区长度范围内箍筋的不同间距。

【例 7-1】　$\phi 10@100/250$,表示箍筋为Ⅰ级钢筋,直径 $\phi 10$,加密区间距为 100,非加密区间距为 250。当箍筋沿柱全高为一种间距时,则不使用"/"线。

【例 7-2】　$\phi 10@100$,表示箍筋为Ⅰ级钢筋,直径 $\phi 10$,间距为 100,沿柱全高加密。

2. 截面注写方式

截面注写方式系在柱平面布置图的柱截面上,分别在同一编号的柱中选择一个截面,以直接注写截面尺寸和配筋具体数值的方式来表达柱平法施工图。

柱平法施工图截面注写方式的内容如图 7-15 所示。

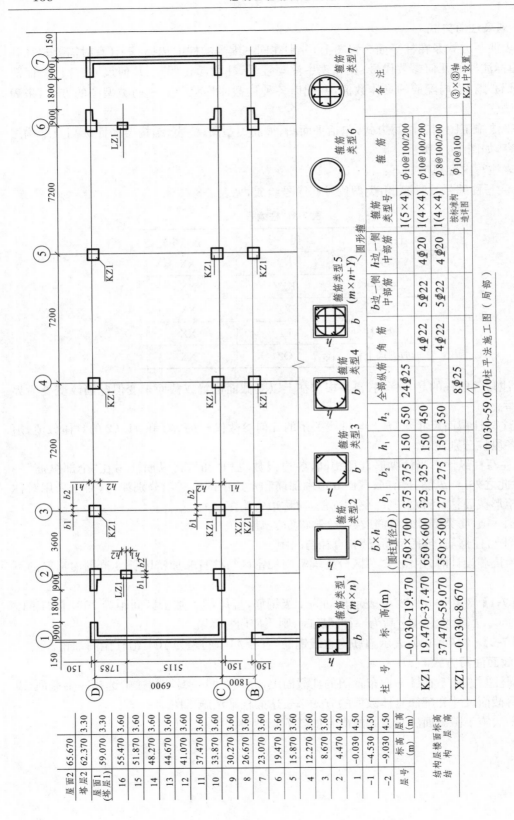

图 7-14　柱平法施工图列表注写方式示例

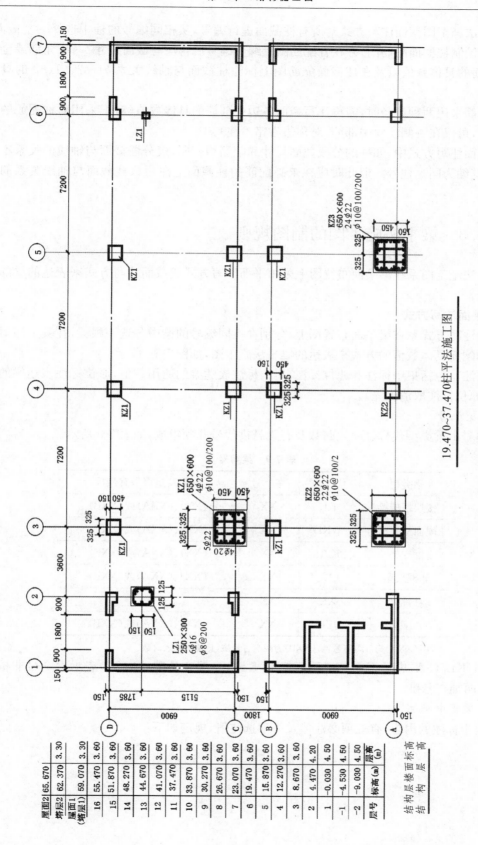

19.470~37.470柱平法施工图

图 7-15　柱平法施工图截面注写方式示例

柱平法施工图截面注写方式对所有柱截面进行编号,从相同编号的柱中选择一个截面,原位放大绘制柱截面配筋图,并在各配筋图上继其编号后再注写截面尺寸 $b×h$、角筋或全部纵筋、箍筋的具体数值以及在柱截面配筋图上标注柱截面与轴线关系 $b1$、$b2$、$h1$、$h2$ 的具体数值。

当纵筋采用两种直径时,需再注写截面各边中部筋的具体数值(对于采用对称配筋的矩形截面柱,可仅在一侧注写中部筋,对称边省略不注)。

在截面注写方式中,如柱的分段截面尺寸和配筋均相同,仅分段截面与轴线的关系不同时,可将其编为同一柱号。但此时应在未画配筋的柱截面上注写该柱截面与轴线关系的具体尺寸。

7.5.3　梁平法施工图的制图规则

梁平法施工图系在梁平面布置图上采用平面注写方式或截面注写方式来表达的梁的平法施工图。

1. 平面注写方式

平面注写方式系在梁平面布置图上,分别在不同编号的梁中各选一根梁,在其上注写截面尺寸和配筋具体数值的方式来表达的梁平法施工图,如图 7-16 所示。

平面注写包括集中标注和原位标注,集中标注表达梁的通用数值,原位标注表达梁的特殊数值(原位标注取值优先)。

(1) 梁编号

梁编号由梁类型代号、序号、跨数及有无悬挑代号几项组成,如表 7-9 所示。

表 7-9　梁编号

梁类型	代　号	序　号	跨数及是否带有悬挑
楼层框架梁	KL	XX	(XX)、(XXA)或(XXB)
屋面框架梁	WKL	XX	(XX)、(XXA)或(XXB)
框支架	KZL	XX	(XX)、(XXA)或(XXB)
非框架梁	L	XX	(XX)、(XXA)或(XXB)
悬挑梁	XL	XX	
井字梁	JZL	XX	(XX)、(XXA)或(XXB)

注:(XXA)为一端有悬挑,(XXB)为两端有悬挑,悬挑不计入跨数。

例如:KL7(5A)表示第 7 号楼层框架梁,5 跨,一端有悬挑;L9(7B)表示第 9 号非框架梁,7 跨,两端有悬挑。

(2) 梁集中标注

梁集中标注的内容,有五项必注值及一项选注值,规定如下:

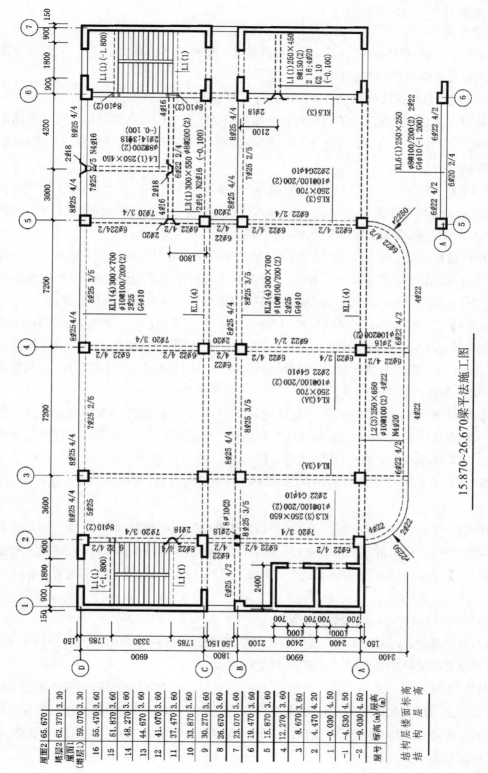

图 7-16　梁平法施工图平面注写方式示例

15.870~26.670梁平法施工图

屋面2	65.670	3.30
塔层2	62.370	3.30
屋面1（塔层1）	59.070	3.30
16	55.470	3.60
15	51.870	3.60
14	48.270	3.60
13	44.670	3.60
12	41.070	3.60
11	37.470	3.60
10	33.870	3.60
9	30.270	3.60
8	26.670	3.60
7	23.070	3.60
6	19.470	3.60
5	15.870	3.60
4	12.270	3.60
3	8.670	4.20
2	4.470	4.50
1	-0.030	4.50
-1	-4.530	4.50
-2	-9.030	4.50
层号	标高(m)	层高(m)

结构层楼面标高
结构层高

① 梁编号。

② 梁截面尺寸。

当为等截面梁时,用 $b \times h$ 表示;当有悬挑梁且根部和端部的高度不同时,用斜线分隔根部与端部的高度值,即为 $b \times h1/h2$。

③ 梁箍筋,包括钢筋级别、直径、加密区与非加密区间距及肢数。

箍筋加密区与非加密区的不同间距及肢数需用斜线"/"分隔;当梁箍筋为同一种间距及肢数时,则不需用斜线;当加密区与非加密区的箍筋肢数相同时,则将肢数注写一次;箍筋肢数应写在括号内。

【例 7-3】 $\phi 10@100/200(4)$,表示箍筋为 I 级钢筋,直径 $\phi 10$,加密区间距为 100,非加密区间距为 200,均为四肢箍。$\phi 8@100(4)/150(2)$,表示箍筋为 I 级钢筋,直径 $\phi 8$,加密区间距为 100,四肢箍;非加密区间距为 150,两肢箍。

当抗震结构中的非框架梁、悬挑梁、井字梁及非抗震结构中的各类梁采用不同的箍筋间距及肢数时,也用斜线"/"将其分隔开来。注写时,先注写梁支座端部的箍筋(包括箍筋的个数、钢筋级别、直径、间距与肢数),在斜线后注写梁跨中部分的箍筋间距及肢数。

【例 7-4】 $13\phi 10@150/200(4)$,表示箍筋为 I 级钢筋,直径 $\phi 10$;梁的两端各有 13 个四肢箍,间距为 150;梁跨中部分间距为 200,四肢箍。$18\phi 12@150(4)/200(2)$,表示箍筋为 I 级钢筋,直径 $\phi 12$;梁的两端各有 18 个四肢箍,间距为 150;梁跨中部分间距为 200,双肢箍。

④ 梁上部通长筋或架立筋。

当同排纵筋中既有通长筋又有架立筋时,应用加号"+"将通长筋和架立筋相连。注写时需将角部纵筋写在加号的前面,架立筋写在加号后面的括号内,以示不同直径及与通长筋的区别。当全部采用架立筋时,则将其写入括号内。

【例 7-5】 $2\phi 22$ 用于双肢箍;$2\phi 22+(4\phi 12)$ 用于六肢箍,其中 $2\phi 22$ 为通长筋,$4\phi 12$ 为架立筋。

当梁的上部纵筋和下部纵筋为全跨相同,且多数跨配筋相同时,此项可加注下部纵筋的配筋值,用分号";"将上部与下部纵筋的配筋值分隔开来,少数跨不同者,按上述规定处理。

【例 7-6】 $3\phi 22;3\phi 20$ 表示梁的上部配置 $3\phi 22$ 的通长筋,梁的下部配置 $3\phi 20$ 的通长筋。

⑤ 梁侧面纵向构造钢筋或受扭钢筋。

当梁腹板高度 $h_w \geqslant 450$ m 时,需配置纵向构造钢筋。此项注写值以大写字母 G 打头,接续注写设置在梁两个侧面的总配筋值,且对称配置。

【例 7-7】 $G4\phi 12$,表示梁的两个侧面共配置 $4\phi 12$ 的纵向构造钢筋,每侧各配置 $2\phi 12$。

当梁侧面需配置受扭纵向钢筋时,此项注写值以大写字母 N 打头,接续注写配置在梁两个侧面的总配筋值,且对称配置。受扭纵向钢筋应满足梁侧面纵向构造钢筋的间距要求,且不再重复配置纵向构造钢筋。

【例 7-8】 $N6\phi 22$,表示梁的两个侧面共配置 $6\phi 22$ 的受扭纵向钢筋,每侧各配置 $3\phi 22$。

⑥ 梁顶面标高高差,该项为选注值。

梁顶面标高高差,系指相对于结构层楼面标高的高差值,对于位于结构夹层的梁,则指相对于结构夹层楼面标高的高差。有高差时,需将其写入括号内,无高差时不注。

(3) 梁原位标注

① 梁支座上部纵筋。

包含通长筋在内的所有纵筋。当上部纵筋多于一排时,用斜线"/"将各排纵筋自上而下分开。

【例 7-9】　6ϕ25 4/2,则表示上一排纵筋为 4ϕ25,下一排纵筋为 2ϕ25。

当同排纵筋有两种直径时,用加号"+"将两种直径的纵筋相连,注写时将角部纵筋写在前面。

【例 7-10】　梁支座上部有四根纵筋,2ϕ25 放在角部,2ϕ22 放在中部,在梁支座上部应注写为 2ϕ25+2ϕ22。

当梁中间支座两边的上部纵筋不同时,需在支座两边分别标注;当梁中间支座两边的上部纵筋相同时,可仅在支座的一边标注配筋值,另一边省去不注。

② 梁下部纵筋。

当梁下部纵筋多于一排时,用斜线"/"将各排纵筋自上而下分开。

【例 7-11】　梁下部纵筋注写为 6ϕ25 2/4,则表示上一排纵筋为 2ϕ25,下一排纵筋为 4ϕ25,全部伸入支座。

当同排纵筋有两种直径时,用加号"+"将两种直径的纵筋相连,注写时角筋写在前面。

当梁下部纵筋不全部伸入支座时,将梁支座下部纵筋减少的数量写在括号内。

【例 7-12】　梁下部纵筋注写为 6ϕ25 2(−2)/4,则表示上一排纵筋为 2ϕ25,且不伸入支座;下一排纵筋为 4ϕ25,全部伸入支座。

梁下部纵筋注写为 2ϕ25+3ϕ22 (−3)/5ϕ25,则表示上一排纵筋为 2ϕ25 和 3ϕ22,其中 3ϕ22 不伸入支座;下一排纵筋为 5ϕ25,全部伸入支座。

③ 附加箍筋或吊筋。

将其直接画在平面图中的主梁上,用线引注总配筋值(附加箍筋的肢数注在括号内)。当多数附加箍筋或吊筋相同时,可在梁平法施工图上统一注明,少数与统一注明值不同时,再原位引注。附加箍筋和吊筋的画法示例如图 7-17 所示,吊筋的构造如图 7-18 所示。

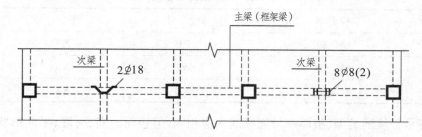

图 7-17　梁平法施工图附加箍筋和吊筋的画法示例

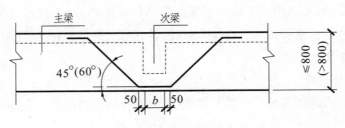

图 7-18　吊筋的构造

④ 当在梁上集中标注的内容（即梁截面尺寸、箍筋、上部通长筋或架立筋,梁侧面纵向构造钢筋或受扭纵向钢筋,以及梁顶面标高高差中的某一项或几项数值）不适用于某跨或某悬挑部分时,则将其不同数值原位标注在该跨或该悬挑部位。

2. 截面注写方式

截面注写方式系在分标准层绘制的梁平面布置图上,分别在不同编号的梁中各选择一根梁用剖面号引出配筋图,并在其上注写截面尺寸和配筋具体数值的方式来表达梁平法施工图,如图 7-19 所示。

对所有梁按表 7-9 的规定进行编号,从相同编号的梁中选择一根梁,先将"单边截面号"画在该梁上,再将截面配筋详图画在本图或其他图上。当某梁的顶面标高与结构层的楼面标高不同时,尚应继其梁编号后注写梁顶面标高高差（注写规定与平面注写方式相同）。

在截面配筋详图上注写截面尺寸 $b×h$、上部筋、下部筋、侧面构造筋或受扭筋,以及箍筋的具体数值时,其表达形式与平面注写方式相同。

截面注写方式既可以单独使用,也可与平面注写方式结合使用。

7.5.4　有梁楼盖板平法施工图的制图规则

有梁楼盖板平法施工图系在楼面板和屋面板布置图上采用平面注写方式表达的板的平法施工图。板平面注写包括板块集中标注和板支座原位标注。

1. 板块集中标注

板块集中标注的内容为:

（1）板块编号

板块编号按如表 7-10 所示规定进行编号。

表 7-10　板块编号

板类型	代　号	序　号
楼面板	LB	XX
屋面板	WB	XX
悬挑板	XB	XX

同一编号板块的类型、板厚和贯通纵筋均应相同,但板面标高、跨度、平面形状以及板支座上部非贯通纵筋可以不同。

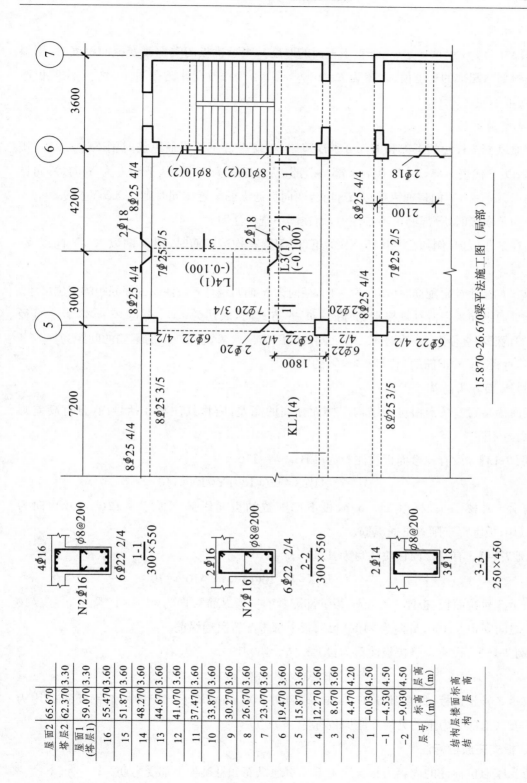

图 7-19 梁平法施工图截面注写方式示例

（2）板厚

板厚注写为 $h=\times\times\times$（为垂直于板面的厚度）；当悬挑板的端部改变截面厚度时，用斜线分隔根部与端部的高度值，注写为 $h=\times\times\times/\times\times\times$；当设计已在图注中统一注明板厚时，此项可不注。

（3）贯通纵筋

贯通纵筋按板块的下部和上部分别注写（当板块上部不设贯通纵筋时则不注），以 B 代表下部，以 T 代表上部，B&T 代表下部与上部；从左至右为 X 向，从下至上为 Y 向，X 向贯通纵筋以 X 打头，Y 向贯通纵筋以 Y 打头，两向贯通纵筋配置相同时则以 X&Y 打头。

当为单向板时，分部筋可不必注写，而在图中统一注明。

当在某些板内（例如在悬挑板 XB 的下部）配置有构造钢筋时，则 X 向以 Xc，Y 向以 Yc 打头注写。

当 Y 向采用放射配筋时（切向为 X 向，径向为 Y 向），设计者应注明配筋间距的定位尺寸。

当贯通纵筋采用两种规格钢筋“隔一布一”方式时，表达为 $\phi xx/yy@\times\times\times$，表示直径为 xx 的钢筋和直径为 yy 的钢筋二者之间的间距为 $\times\times\times$，直径 xx 的钢筋的间距为 $\times\times\times$ 的 2 倍，直径 yy 的钢筋的间距为 $\times\times\times$ 的 2 倍。

（4）板面标高高差

板面标高高差系指相对于结构层楼面标高的高差，应将其注写在括号内，且有高差则注，无高差不注。

【例 7-13】 设有一楼面板块注写为：LB5　　$h=110$

$\qquad\qquad\qquad\qquad$ B：Xϕ12@120；Yϕ10@110

表示 5 号楼面板，板厚 110 mm，板下部配置的贯通纵筋 X 向为 ϕ12@120，Y 向为 ϕ10@110；板上部未配置贯通纵筋。

【例 7-14】 有一楼面板块注写为：LB5　　$h=110$

$\qquad\qquad\qquad\qquad$ B：Xϕ10/12@100；Yϕ10@110

表示 5 号楼面板，板厚 110 mm，板下部配置的贯通纵筋 X 向为 ϕ10、ϕ12 隔一布一，ϕ10 与 ϕ12 之间间距为 100，Y 向为 ϕ10@110；板上部未配置贯通纵筋。

【例 7-15】 设有一悬挑板注写为：XB2　　$h=150/100$

$\qquad\qquad\qquad\qquad$ B：Xc&Ycϕ8@200

表示 2 号悬挑板，板根部厚 150 mm，端部厚 100 mm，板下部配置构造钢筋双向均为 ϕ8@200。（上部受力钢筋见板支座原位标注。）

2. 板支座原位标注

板支座原位标注的内容为板支座上部非贯通纵筋和悬挑板上部受力筋。

板支座原位标注的钢筋，应在配置相同跨的第一跨表达（当在梁悬挑部位单独配置时，则在原位表达）。在配置相同跨的第一跨（或梁悬挑部位），垂直于板支座（梁或墙）绘制一段适宜长度的中粗实线(当该筋通长设置在悬挑板或短跨板上部时,实线段应画至对边或贯通短跨),以该线段代表支座上部非贯通纵筋,并在线段上方注写钢筋编号(如①、②等)、配筋值、横向连续布置的跨数(注写在括号内,且当为一跨时可不注),以及是否横向布置到梁的悬挑端。

【例 7-16】　(XX)为横向布置的跨数,(XXA)为横向布置的跨数及一端的悬挑部位,(XXB)为横向布置的跨数及两端的悬挑部位。

板支座上部非贯通筋自支座中线向跨内的延伸长度,注写在线段的下方位置。

当中间支座上部非贯通纵筋向支座两侧对称延伸时,可仅在支座一侧线段下方注写延伸长度,另一侧不注,如图 7-20 所示。

当向支座两侧非对称延伸时,应分别在支座两侧线段下方注写延伸长度,如图 7-21 所示。

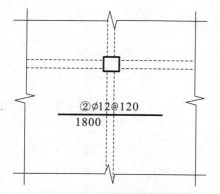

图 7-20　板支座上部非贯通筋对称伸出

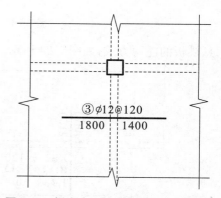

图 7-21　板支座上部非贯通筋非对称伸出

对线段画至对边贯通全跨或贯通全悬挑长度的上部通长纵筋,贯通全跨或延伸至全悬挑一侧的长度值不注,只注明非贯通另一侧的延伸长度值,如图 7-22 所示。

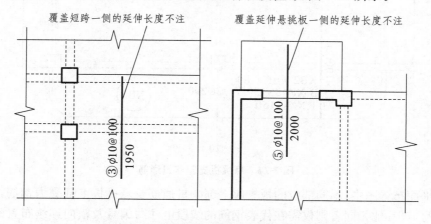

图 7-22　板支座非贯通筋贯通全跨或延伸至悬挑端非对称伸出

当板支座为弧形,支座上部非贯通纵筋呈放射状分布时,应注明配筋间距的度量位置并加注"放射分布"四字,必要时应补绘平面配筋图,如图 7-23 所示。

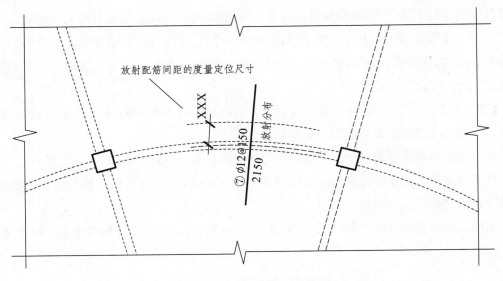

图 7-23　弧形支座处放射配筋

悬挑板的注写方式,如图 7-24 所示。

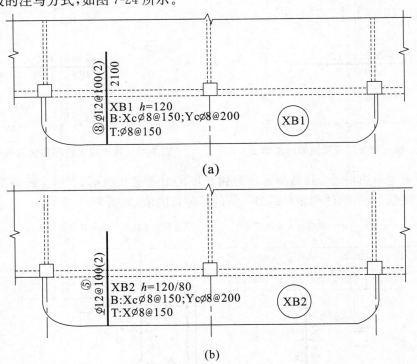

图 7-24　悬挑板支座非贯通筋

在板平面布置图中,不同部位的板支座上部非贯通筋及悬挑板上部受力钢筋,可仅在一个部位注写,对其他相同者则仅需在代表钢筋的线段上注写编号及横向连续布置的跨数(当为一跨时可不注)即可。板平法施工图平面注写方式的内容如图 7-25 所示。

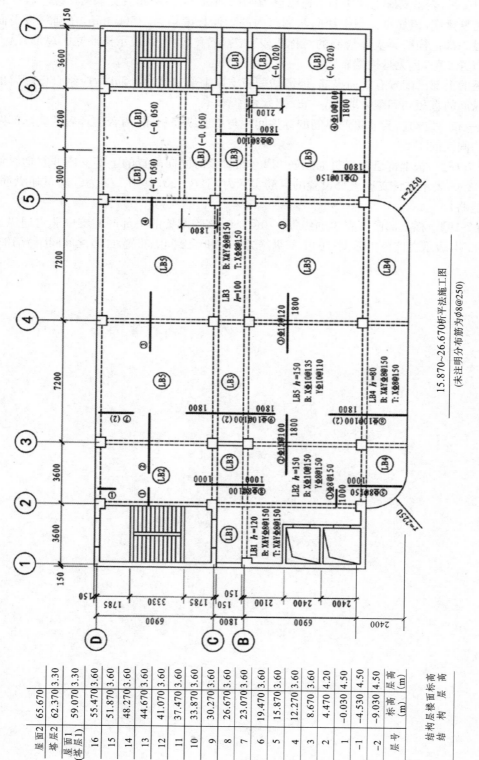

图 7-25　板平法施工图平面注写方式示例

【**例 7-17**】　在板平面布置图某部位,横跨支承梁绘制的对称线段上注有⑦φ12@100(5A)和 1 500,表示支座上部⑦非贯通纵筋为 φ12@100,从该跨起沿支承梁连续布置 5 跨加梁一端的悬挑端,该筋自支座中线向两侧跨内的延伸长度均为 1 500 mm,在同一板平面布置图的另一部位横跨梁支座绘制的对称线段上注有⑦(2)者,系表示该筋同⑦纵筋,沿支承梁连续布置 2 跨,且无悬挑端布置。

当板的上部已配置有贯通纵筋,但需增配板支座上部非贯通纵筋时,应结合已配置的同向贯通纵筋的直径和间距采取"隔一布一"方式配置。

"隔一布一"方式,为非贯通纵筋的标注间距与贯通纵筋相同,两者组合后的实际间距为各自标注间距的 1/2。

【**例 7-18**】　板上部已配置贯通纵筋 φ12@250,该跨同向配置的上部支座非贯通纵筋为⑤φ12@250,表示在该支座上部设置的纵筋实际为 φ12@125,其中 1/2 为⑤非贯通纵筋(延伸长度值略)。

【**例 7-19**】　板上部已配置贯通纵筋 φ10@250,该跨配置的上部同向支座非贯通纵筋为⑤φ12@250,表示在该跨实际设置的上部纵筋为 φ10 和 φ12 间隔布置,二者之间间距为 125。

第8章 建筑给水排水施工图

8.1 概 述

给水排水工程是解决人们的生活、生产及消防用水和排除废水、处理污水的城市建设工程,它包括室外给水工程、室外排水工程及室内给水排水工程三方面内容。本章主要介绍室内给水排水工程施工图的基本知识。

室内给水排水施工图,是指房屋建筑内需要供水的厨房、卫生间等房间,以及工矿企业中的锅炉房、浴室、实验室、车间内的用水设备等的给水和排水工程。

8.1.1 室内给水系统的组成

室内给水系统一般由引入管、水表节点、管道系统、给水附件、升压和贮水设备、消防设备等组成,如图 8-1 所示。

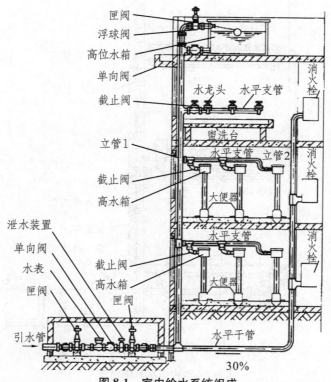

图 8-1 室内给水系统组成

① 引入管是城市给水管道与用户给水管道间的连接管。当用户为一幢单独建筑物时，引入管也称进户管；当用户为工厂、学校等建筑群体时，引入管系指总进水管。

② 水表及其前后设置的阀门、泄水装置等总称为水表节点。

③ 管道系统指建筑内部各种管道，如水平和垂直干管、立管、横支管等。

④ 给水附件包括控制附件和配水附件。控制附件主要包括各式阀门，配水附件主要包括各式配水龙头。

⑤ 升压和贮水设备常见的有水泵、水箱、水池和气压水罐等。当室外给水管网中的水压、水量不能满足用水要求，或者用户对水压稳定性、供水安全性有要求时，需设置升压和贮水设备。

⑥ 建筑内部消防给水设备常见的是消火栓消防设备，包括消火栓、水枪和水龙带等。当消防上有特殊要求时，还应安装自动喷水灭火设备，包括喷头、控制阀等。

8.1.2　室内排水系统的组成

室内排水系统一般由排水设备、排水管道系统、通气管道系统和清通设备等组成，如图 8-2 所示。

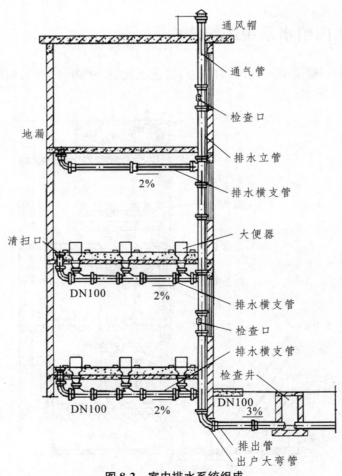

图 8-2　室内排水系统组成

① 排水设备,如卫生器具及地漏等,是收集和排除污水、废水的设备。

② 排水管道系统由器具排水管、横支管、立管、排出管等组成。

③ 通气管有伸顶通气立管和专用通气立管等类型,用于排除有害气体,补充新鲜空气,利于水流畅通,保护存水弯水封。

④ 清通设备用于疏通管道,一般有检查口、清扫口等。

8.2　建筑给水排水施工图的一般规定

绘制给水排水施工图必须遵循国家标准《房屋建筑制图统一标准》(GB/T 50001—2010)及《给水排水制图标准》(GB/T 50106—2010)等相关制图标准。

1. 图线

图线的宽度 b,应根据图纸的类别、比例和复杂程度,按《房屋建筑制图统一标准》(GB/T 50001—2010)中第 3.0.1 条的规定选用,常用的各种线型宜符合如表 8-1 所示的规定。

表 8-1　线型

名　称	线　型	线宽	用　途
粗实线	——	b	新设计的各种排水和其他重力流管线
粗虚线	— — —	b	新设计的各种排水和其他重力流管线的不可见轮廓线
中粗实线	——	$0.7b$	新设计的各种给水和其他压力流管线;原有的各种排水和其他重力流管线
中粗虚线	— —	$0.7b$	新设计的各种给水和其他压力流管线及原有的各种排水和其他重力流管线的不可见轮廓线
中实线	——	$0.5b$	给水排水设备、零(附)件的可见轮廓线;总图中新建的建筑物和构筑物的可见轮廓线;原有的各种给水和其他压力流管线
中虚线	— —	$0.5b$	给水排水设备、零(附)件的不可见轮廓线;总图中新建的建筑物和构筑物的不可见轮廓线;原有的各种给水和其他压力流管线的不可见轮廓线
细实线	——	$0.25b$	建筑的可见轮廓线;总图中原有的建筑物和构筑物的可见轮廓线;制图中的各种标注线
细虚线	— — —	$0.25b$	建筑的不可见轮廓线;总图中原有的建筑物和构筑物的不可见轮廓线
单点长画线	— · — · —	$0.25b$	中心线、定位轴线

续表

名　称	线　型	线宽	用　途
折断线	——／\／——	0.25b	断开界线
波浪线	～～～～～	0.25b	平面图中水面线；局部构造层次范围线；保温范围示意线等

2. 比例

给水排水专业制图常用的比例，宜符合如表 8-2 所示的规定。

表 8-2　常用比例

名　　称	比　例	备　注
区域规划图 区域位置图	1∶50 000、1∶25 000、1∶10 000、 1∶5 000、1∶2 000	宜与总图专业一致
总平面图	1∶1 000、1∶500、1∶300	宜与总图专业一致
管道纵断面图	纵向：1∶200、1∶100、1∶50 横向：1∶1 000、1∶500、1∶300	
水处理厂（站）平面图	1∶500、1∶200、1∶100	
水处理构筑物、设备间、卫生间、 泵房，平、剖面图	1∶100、1∶50、1∶40、1∶30	
建筑给水排水平面图	1∶200、1∶150、1∶100	宜与建筑专业一致
建筑给水排水轴测图	1∶150、1∶100、1∶50	宜与相应图纸一致
详图	1∶50、1∶30、1∶20、1∶10、 1∶5、1∶2、1∶1、2∶1	

在建筑给水排水轴测图中，如局部表达有困难时，该处可不按比例绘制。

3. 标高

建筑给水排水施工图中应标注相对标高，标高的单位为 m，一般注写到小数点后三位。给水管标注管中心标高，排水管标注管内底标高。

标高的标注方法应符合下列规定：

① 平面图中，管道标高应按如图 8-3 所示的方式标注。

图 8-3　平面图中管道标高标注方法

② 轴测图中,管道标高应按如图 8-4 所示的方式标注。

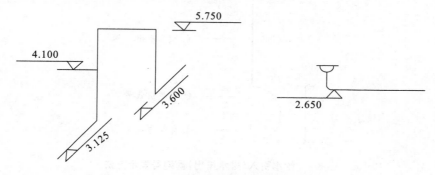

图 8-4　轴测图中管道标高标注方法

4. 管径

管径应以 mm 为单位。管径的表达方式应符合如表 8-3 所示的规定。

表 8-3　管径表达方式

管径标注	用公称直径 DN 表示	用管外径 D ×壁厚表示	用公称直径 Dw 表示	用公称直径 dn 表示	用管道内径 d 表示
使用范围	镀锌钢管 非镀锌钢管 铸铁管	无缝钢管 焊接钢管	铜管 薄壁不锈钢管	塑料管	钢筋混凝土管 混凝土管
标注举例	$DN50$	$D108\times4$	$Dw50$	$dn20$	$d380$

管径的标注方法应符合下列规定:
① 单根管道时,管径应按如图 8-5 所示的方式标注。

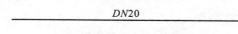

图 8-5　单管管径表示方法

② 多根管道时,管径应按如图 8-6 所示的方式标注。

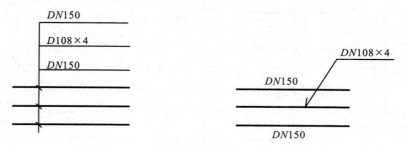

图 8-6　多管管径表示方法

5. 编号

当建筑物的给水引入管或排水排出管的数量超过 1 根时,宜进行编号,编号宜按如图 8-7 所示的方法表示。

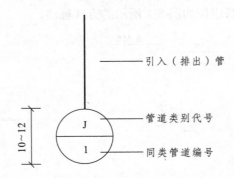

图 8-7　给水引入(排水排出)管编号表示方法

建筑物内穿越楼层的立管,其数量超过 1 根时宜进行编号,编号宜按图 8-8 所示的方法表示。

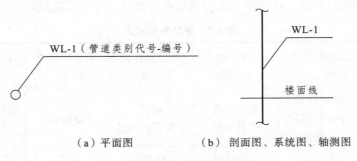

（a）平面图　　　　（b）剖面图、系统图、轴测图

图 8-8　立管编号表示方法

6. 图例

给水排水施工图中所采用的图例应按国家标准《给水排水制图标准》(GB/T 50106—2010)绘制,常见图例如表 8-4 所示。

表 8-4　常见图例

名　称	图　例	名　称	图　例
给水管	——— J ———	淋浴喷头	
排水管	——— W ———	水泵接合器	
水龙头	平面　　系统	地漏	
室外消火栓		清扫口	
通气帽	成品　　铅丝球	止回阀	
存水弯		球阀	

续表

名　称	图　例	名　称	图　例
截止阀	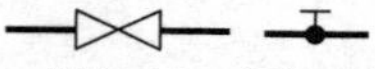 $DN \geqslant 50$　　$DN \leqslant 50$	盥洗台	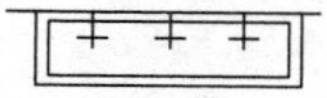
洗脸盆	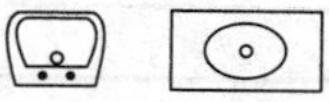	浴盆	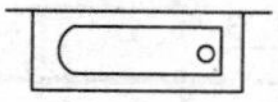
拖布盆	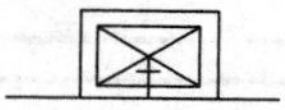	自动冲水箱	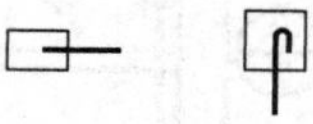
壁挂式小便器		室内消火栓（双口）	 平面　　系统
小便槽		水泵	
蹲式大便器	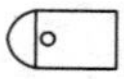	清扫口	 平面　　系统
坐式大便器	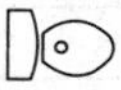	室内消火栓（单口）	平面　　系统

8.3　室内给水排水施工图的识读

8.3.1　室内给水排水施工图的组成

室内给水排水施工图一般包括设计说明、主要材料统计表、管道平面布置图、管道系统轴测图以及详图。

1. 设计说明

设计说明用于反映设计人员的设计思路及用图无法表示的部分，同时也反映设计者对施工的具体要求，主要包括设计范围、工程概况、管材的选用、管道的连接方式、卫生洁具的安装、标准图集的代号等。

2. 主要材料统计表

主要材料统计表是设计者为使图纸能顺利实施而规定的主要材料的规格型号（小型施工图可省略此表）。

3. 管道平面布置图

管道平面布置图表示建筑物内给水排水管道及卫生设备的平面布置情况(图 8-9),它包括如下内容:

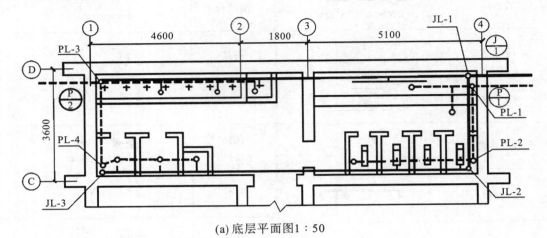

(a) 底层平面图1∶50

(b) 二~四层平面图

图 8-9　给水排水管道平面图

① 建筑平面图;

② 用水设备的平面位置;

③ 各立管、水平干管、横支管的平面布置以及立管编号;

④ 各管道零件如阀门的平面布置;

⑤ 在底层平面图上,还反映给水引入管、排水排出管的平面位置以及编号;

⑥ 必要的图例、标注等。

4. 管道系统轴测图

管道系统轴测图又称管道系统图或管道轴测图。管道系统轴测图可分为给水系统轴测图和排水系统轴测图。它是用轴测投影的方法,根据各层平面图中卫生设备、管道及竖向标高绘制而成的,分别表示给水排水管道系统的上、下层之间,前后、左右之间的空间关系,并标注管径、标高等,如图 8-10 所示。

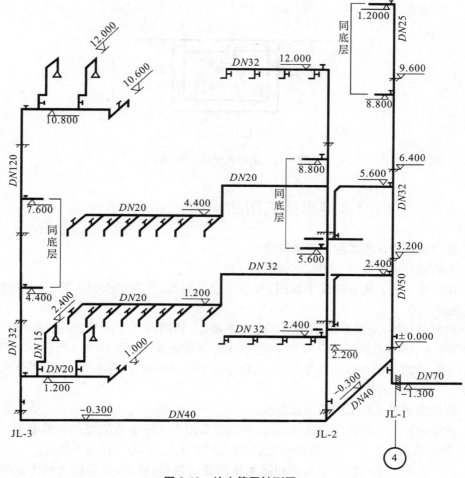

图 8-10　给水管网轴测图

5. 详图

　　详图又称大样图,它表明给水排水设备或管道节点的详细构造与安装要求,如图 8-11 所示为拖布池的安装详图,它表明了水池安装与给水排水管道的相互关系及安装控制尺寸。详图一般采用有关标准图集或室内给水排水设计手册,不需要画出。

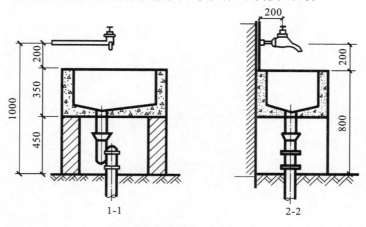

图 8-11　拖布池安装详图

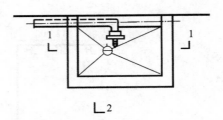

图 8-11　拖布池安装详图(续)

8.3.2　室内给水排水施工图的识读

1. 室内给水排水施工图的识读顺序

① 先看设计说明及图上的文字说明。

② 浏览平面图。先看底层平面图,再看楼层平面图;先看给水引入管、排水排出管,再顾及其他。

③ 对照平面图,阅读系统轴测图。先找平面图、轴测图对应编号,以系统为单位,沿水流方向看下去,即给水管道的看图顺序是:引入管→水表井(或阀门井)→干管→立管→支管→用水设备;排水管道的看图顺序是:用水设备排水口→连接管(存水弯)→水平支管→立管→排出管→室外检查井。

2. 室内给水排水施工图的识读要点

① 读设计说明。明确工程概况、设计依据以及图中未能表达清楚的有关事项。如管材的选用、管道的连接方式、卫生洁具的安装、标准图集的代号、施工注意事项等。

② 读平面图。明确给水引入管和排水排出管的数量、位置,明确用水和排水房间的名称、位置、数量、地(楼)面标高等情况。

③ 读系统轴测图。明确各条给水引入管和排水排出管的位置、规格、标高,明确给水系统和排水系统的各组给水排水工程的空间位置及其走向,从而掌握整个给水排水工程的空间情况。

第9章 建筑电气施工图

建筑电气施工图是房屋建筑施工图的一个组成部分。建筑电气工程包括变配电工程、动力与照明工程、防雷接地工程和弱电工程。本章主要介绍动力与照明工程施工图的基本知识。

9.1 电气施工图的表示方法

9.1.1 电气平面图常用图形符号

电气平面图常用图形符号如表 9-1 所示。

表 9-1　常用电气平面图图例

图　例	名　称	图　例	名　称	图　例	名　称
	多种电源配电箱(屏)		暗装单相两线插座		事故照明配电箱(屏)
	照明配电箱		暗装单相带接地插座		壁龛交接箱
	断路器		暗装三相带接地插座		室内分线盒
	隔离开关		明装单相两线插座		单极拉线开关
⊗	灯或信号灯的一般符号		明装单相带接地插座		明装单极开关
⊗	防水防尘灯		明装三相带接地插座		暗装单极开关
	荧光灯一般符号		防爆三相插座		明装二极开关
	三管荧光灯		向上配线		暗装二极开关
	五管荧光灯		向下配线		定时开关
	防爆荧光灯		垂直通过配线		钥匙开关

9.1.2　常用线路、设备标注方法

1. 常用导线型号的标注

常用导线型号的标注如表9-2所示。

表9-2　常用导线型号的标注

名　称	符　号	名　称	符　号
铝芯橡皮线	BLX	铜芯橡皮线	BX
铜芯塑料线	BV	铝芯塑料线	BLV
铜芯塑料绞型软线	RVS	铜芯聚丁橡皮线	BXF

2. 常用导线敷设部位的标注

常用导线敷设部位的标注如表9-3所示。

表9-3　常用导线敷设部位的标注

名　称	符　号	名　称	符　号
沿梁敷设	AB	暗敷设在梁内	BC
沿或跨柱敷设	AC	暗敷设在柱内	CLC
沿墙面敷设	WS	暗敷设在墙内	WC
沿天棚或顶板面敷设	CE	暗敷设在屋面或顶板内	CC
吊顶内敷设	SCE	地板或地面下敷设	FC

3. 常用线路敷设方式的标注

常用线路敷设方式的标注如表9-4所示。

表9-4　常用线路敷设方式的标注

名　称	符　号	名　称	符　号
穿普通碳素钢电线套管敷设	MT	穿可挠金属电线保护套管敷设	CP
穿低压流体输送用焊接钢管（钢导管）敷设	SC	穿硬塑料导管敷设	PC
穿硬塑波纹电线管敷设	KPC	穿阻燃半硬塑料导管敷设	FPC
金属槽盒敷设	MR	塑料槽盒敷设	PR

4. 灯具安装方式的标注

灯具安装方式的标注如表9-5所示。

表9-5　灯具安装方式的标注

名　称	符　号	名　称	符　号	名　称	符　号
线吊式 自在器线吊式	SW	链吊式	CS	管吊式	DS
壁装式	W	吸顶式	C	嵌入式	R
顶棚内安装	CR	墙壁内安装	WR	柱上安装	CL

5. 光源种类的标注

光源种类的标注如表 9-6 所示。

表 9-6　光源种类的标注

名　称	符　号	名　称	符　号	名　称	符　号
白炽灯	IN	荧光灯	FL	汞灯	Hg
钠灯	Na	碘灯	I	氖灯	Ne

6. 导线根数的标注

导线根数的标注如表 9-7 所示。

表 9-7　导线根数的标注

标注方法	说　明	标注方法	说　明
——／／／——	表示 3 根导线	——／—— 4	表示 4 根导线

7. 线路相序(类型)的标注

线路相序(类型)的标注如表 9-8 所示。

表 9-8　线路相序的标注

名　称	符　号	名　称	符　号
交流系统电源第一相	L1	中性线	N
交流系统电源第二相	L2	保护线	PE
交流系统电源第三相	L3	保护和中性共用线	PEN

8. 线路的标注

线路的标注格式:

$$ab\text{-}c(d\times e+f\times g)i\text{-}jh$$

式中,a 为线缆编号;b 为型号(不需要可省略);c 为线缆根数;d 为电缆线芯数;e 为线芯截面(mm^2);f 为 PE、N 线芯数;g 为线芯截面(mm^2);i 为线缆敷设方式;j 为线缆敷设部位;h 为线缆敷设安装高度(m),这些字母无内容则省略。

示例:

WP201　YJV-0.6/1kV-2(3×150+2×70)SC80-WS3.5

表示电缆号为 WP201,电缆型号、规格为 YJV-0.6/1kV,两根电缆并联连接,敷设方式为穿 $DN80$ 焊接钢管沿墙明敷,线缆敷设高度距地 3.5 m。

示例:

BV-(3×50+1×25)SC50-F

表示线路是铜芯塑料绝缘导线,三根 50 mm^2,一根 25 mm^2,穿管径为 50 mm 的钢管沿地面暗敷。

示例:

BLV-(3×60+2×35)SC70-WC

表示线路为铝芯塑料绝缘导线,三根 60 mm^2,两根 35 mm^2,穿管径为 70 mm 的钢管沿墙暗敷。

9. 照明灯具的标注

照明灯具的标注格式：

$$a\text{-}b\,\frac{c\times d\times L}{e}\,f$$

式中，a 为灯数；b 为型号或编号（无则省略）；c 为每盏照明灯具的灯泡数；d 为灯泡安装容量；e 为灯泡安装高度（m）；"-"表示吸顶安装；f 为安装方式；L 为光源种类。

示例：

$$5\text{-}BYS80\,\frac{2\times 4\times FL}{3.5}CS$$

表示 5 盏 BYS-80 型灯具，灯管为两根 40 W 荧光灯管，灯具链吊安装，安装高度距地 3.5 m。

9.2　建筑电气施工图的识读

9.2.1　建筑电气施工图的组成

建筑电气专业施工图一般由设计说明、电气系统图、电气施工平面图、安装详图和材料表组成。

1. 设计说明

设计说明主要包括工程概况、设计依据以及图中未能表达清楚的有关事项。如供电电源的来源、供电方式、电压等级、线路敷设方式、防雷接地、设备安装高度及安装方式、工程主要技术数据、施工注意事项等。

2. 电气系统图

电气系统图主要表达建筑物供电系统的基本组成，动力与照明设备的安装容量，配电方式，导线与电缆的型号、规格、敷设方式及穿管管径等。

3. 电气施工平面图

电气施工平面图是将同一层内不同高度的电气设备及线路都投影到同一平面上来表示。主要表达建筑物内部照明线路的敷设位置与方式，导线的根数，各种设备的数量、型号和相对位置。

4. 安装详图

电气设备的安装一般采用国家标准，即《电气安装施工图册》中规定的安装方式进行安装。电气施工图中一般不再画详图，但要指明图册名称、页数及采用的详图编号。

5. 材料表

材料表是一栋房屋（项目）电气工程所需的各种规格、型号的电气设备、各种元器件、导线等的统计、汇总表。

9.2.2　建筑电气施工图的识读

1. 建筑电气施工图识读的顺序

① 先读设计说明及图上的文字说明；

② 遵循从系统图到平面图的顺序；

③ 系统图和平面图结合起来读。

2. 建筑电气施工图识读的要点

读设计说明，了解工程总体概况及设计依据和要求、使用的材料规格等。了解图纸中未能表达清楚的有关事项。具体有供电电源的来源、电压等级、线路敷设方式、设备安装高度及安装方式、图形符号、施工注意事项等。

读系统图，了解建筑物内的配电系统和容量分配情况、配电装置、导线型号、截面、敷设方式及穿管管径，开关与熔断器的规格型号等。

读平面图，了解电源实际进线的位置、规格、穿线管径，配电箱的位置、配电线路的走向，干支线的编号、敷设方法，开关、插座、照明器具的位置、型号、规格等。阅读平面图的顺序是：总配电箱→干线→分配电箱→支干线→用电设备。

【例 9-1】　配电系统图识读。

阅读配电系统图应注意以下方面：

① 电源进户线情况；

② 配电箱情况；

③ 干线到支线情况；

④ 支线到用电设备情况。

下面通过如图 9-1 所示实例讲解怎样看配电系统图。

从图 9-1 中可以看出以下内容：

a. 该照明工程采用三相四线制供电。

b. 电源进户线采用 BV22-(4×60)-SC80-FC，表示四根铜芯塑料绝缘线，每根截面为 60 mm²，穿在一根直径为 80 mm 的焊接钢管内，埋地暗敷设，通至配电箱，内有漏电开关，型号为 HSL1-200/4P 120A/0.5A，然后引出四条支路分别向一、二、三、四层供电。

c. 这四条供电干线为三相四线制，标注为 BV-(4×50)-SC70-WC，表示有四根铜芯塑料绝缘线，每根截面为 50 mm²，穿在直径为 70 mm 的焊接钢管内，沿墙暗敷设。

d. 底层为总配电箱，二、三、四层为分配电箱。每层的供电干线上都装有漏电开关，其型号为 RB1-63C40/3P。

e. 由配电箱引出 14 条支路，其配电对象分别为：

①、②、③支路向照明灯具和风扇供电，线路为 BV-500-2×4-PVC16-WC，表示两根铜芯塑料绝缘线，每根截面为 4 mm²，穿直径为 16 mm 的阻燃型电线管沿墙暗敷。

④、⑤支路向单相插座供电，线路为 BV-500-3×2.5-PVC16-WC。

⑥、⑦、⑧、⑨、⑩、⑪、⑫支路向室内空调用三孔插座供电，线路为 BV-500-3×4-PVC20-WC。

⑬、⑭支路备用。

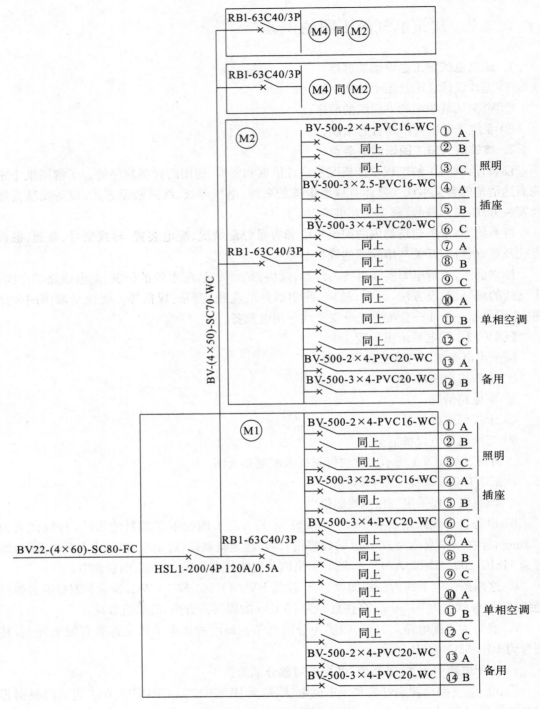

图 9-1　配电系统图

【例 9-2】 配电平面图识读。

阅读配电平面图应注意以下方面：

① 各楼层的照明灯具、控制开关、电源插座等的数量、种类、安装位置和互相连接关系；

② 各支路的连接情况。

下面通过如图 9-2、图 9-3、图 9-4 所示实例讲解怎样看配电平面图。

从底层平面图中可以看出以下内容：

a. 每个房间内都布置有单管荧光灯、吊扇、单相插座、空调插座。荧光灯采用吊链安装，安装高度 3.0 m，灯管功率 40 W；吊扇采用吊链安装，安装高度 3.1 m，用吊扇开关控制，吊扇开关采用暗装，安装高度 1.4 m；单相五孔插座，暗装，安装高度 0.5 m；空调用插座采用单相三孔空调插座，暗装，安装高度 1.8 m。

b. ④、⑦轴线间的房间内有四盏单管荧光灯，用西边门侧的暗装双极开关控制；吊扇两台，用西边门侧的两个暗装吊扇开关控制，接在②支路上。暗装单相五孔插座四个，接在④支路上；暗装单相三孔空调插座一个，接在⑥支路上。

c. 楼梯间对面的房间内有两盏单管荧光灯，用门旁的暗装双极开关控制；吊扇一台，用门旁的暗装吊扇开关控制，接在③支路上；暗装单相五孔插座三个，接在⑤支路上；暗装单相三孔空调插座一个，接在⑩支路上。走廊内布置有八盏天棚灯，吸顶暗装，每盏灯由一个暗装单极开关控制，两个出入口处各有一盏天棚灯，所有这些都接在①支路上。盥洗间内较潮湿，装有四盏防水防尘灯，用 60 W 白炽灯泡吸顶安装，各自用开关控制，接在①支路上。

d. ①支路向一层走廊、盥洗室和出入口处的照明灯供电；②支路向⑦轴线西部的室内照明灯和电扇供电；③支路向⑦轴线东部、E 轴线南部的室内照明灯和电扇供电；④支路向⑦轴线西部的室内单相五孔插座供电；⑤支路向⑦轴线东部和 E 轴线南部的单相五孔插座供电。

e. 由于空调的电流比较大，一般情况下一个支路上只有一个插座，有时也可有两个插座。如⑥支路向④、⑦轴线间的单相三孔空调插座供电，图中此处线路比较多，把⑥支路画在了墙体中，但其仍是沿墙暗敷；⑦支路向楼梯间北的三孔空调插座供电；⑧支路向东部 E、J 轴线间的两个办公室内三孔空调插座供电；⑨支路向 E、C 轴线间的三孔空调插座供电；⑩支路向东部 A、C 轴线间的两个房间内三孔空调插座供电；⑪支路向②、④轴线间的两个办公室内三孔空调插座供电；⑫支路向西部 D、J 轴线间的两个办公室内三孔空调插座供电。

f. 各支路的连接，即①、④、⑦、⑩接 A 相；②、⑤、⑧、⑪接 B 相；③、⑥、⑨、⑫接 C 相。

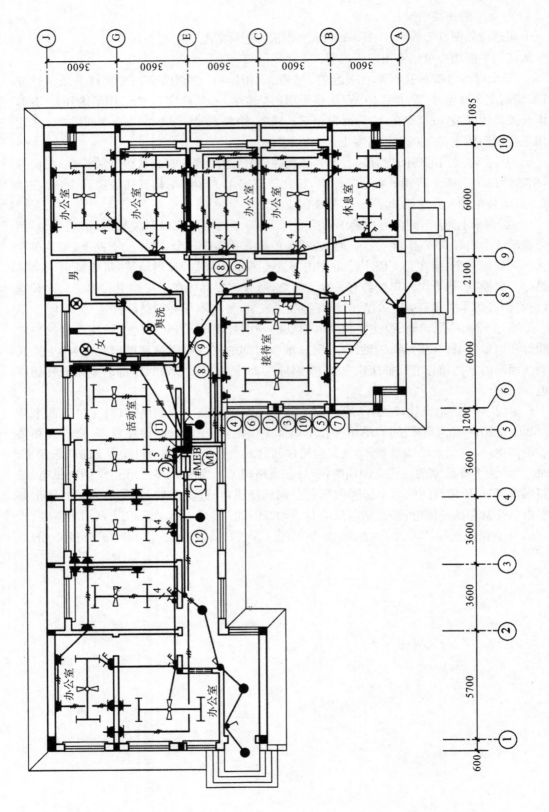

图 9-2　底层配电平面图

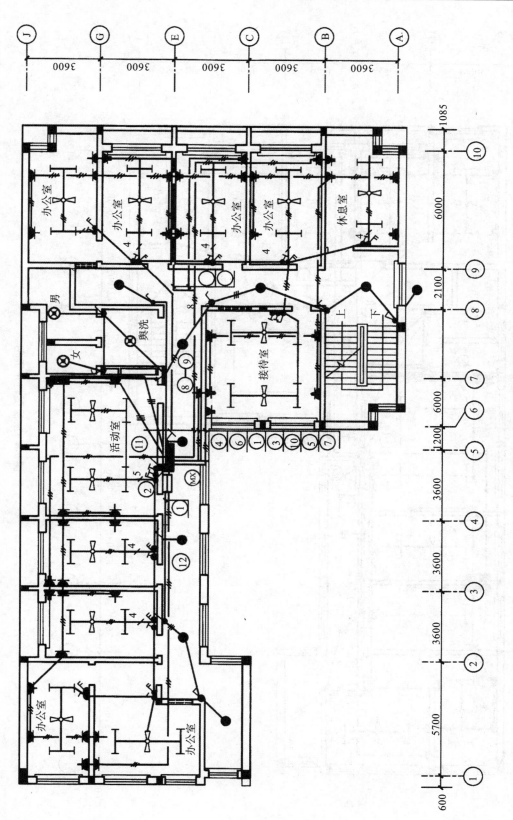

图 9-3　标准层配电平面图

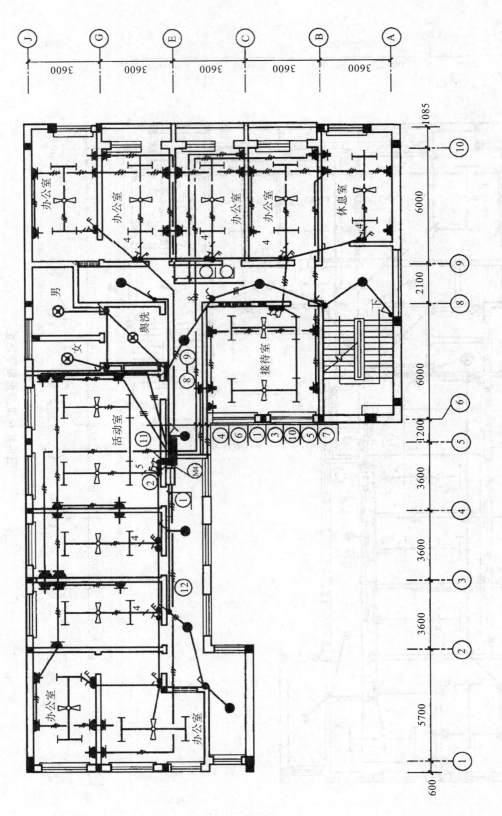

图 9-4　顶层配电平面图

附　录

附表 1　构造及配件图例

序号	名　称	图　例	备　注
1	墙体	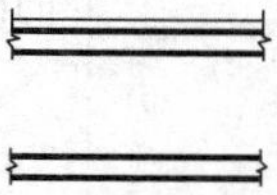	1. 上图为外墙,下图为内墙; 2. 外墙细线表示有保温层或有幕墙; 3. 应加注文字或涂色或图案填充表示各种材料的墙体; 4. 在各层平面图中防火墙宜着重以特殊图案填充表示
2	隔断		1. 加注文字或涂色或图案填充表示各种材料的轻质隔断; 2. 适用于到顶与不到顶隔断
3	玻璃幕墙		幕墙龙骨是否表示由项目设计决定
4	栏杆		
5	楼梯	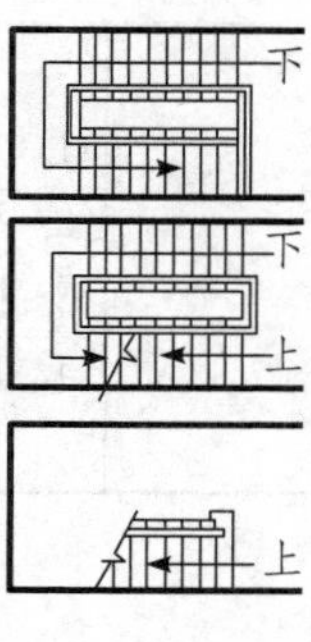	1. 上图为顶层楼梯平面,中图为中间层楼梯平面,下图为底层楼梯平面; 2. 需设置靠墙扶手或中间扶手时,应在图中表示

序号	名　称	图　例	备　注
6	坡道	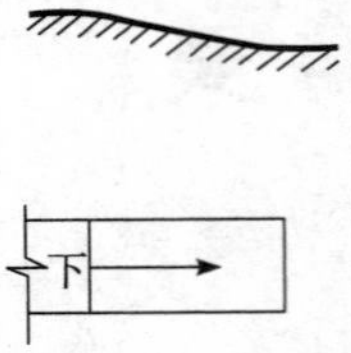	长坡道
		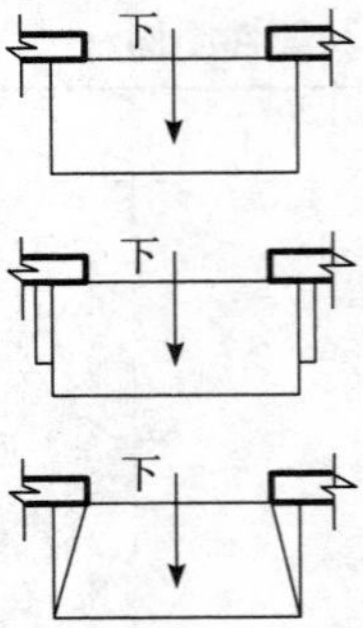	上图为两侧垂直的门口坡道,中图为有拦墙的门口坡道,下图为两侧找坡的门口坡道
7	台阶	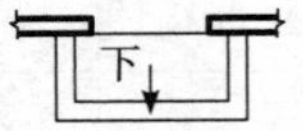	
8	平面高差	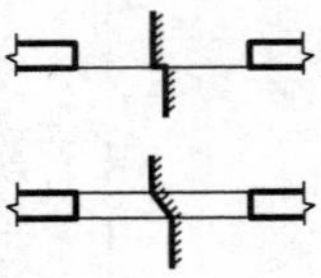	用于高差小的地面或楼面交接处,并应与门的开启方向协调
9	检查口		左图为可见检查口,右图为不可见检查口
10	孔洞		阴影部分亦可填充灰度或涂色代替
11	坑槽		
12	墙预留洞、槽	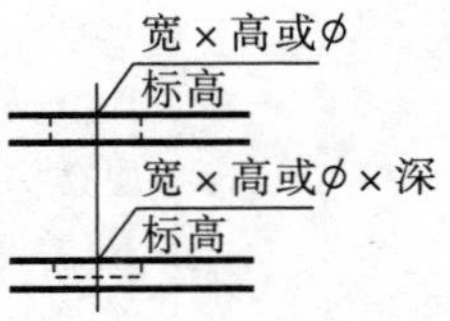 宽×高或ø 标高 宽×高或ø×深 标高	1. 上图为预留洞,下图为预留槽; 2. 平面以洞(槽)中心定位; 3. 标高以洞(槽)底或中心定位; 4. 宜以涂色区别墙体和预留洞(槽)

序号	名　称	图　例	备　注
13	地沟	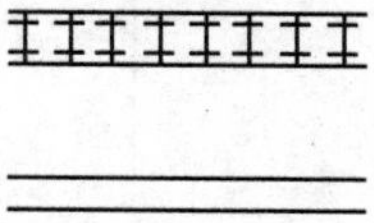	上图为活动盖板地沟,下图为无盖板明沟
14	烟道	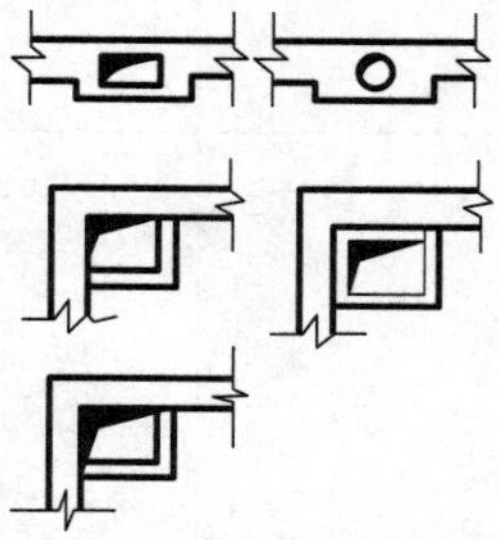	1. 阴影部分可涂色代替; 2. 烟道、风道与墙体为相同材料,其相接处墙身段应连通; 3. 烟道、风道根据需要增加不同材料的内衬
15	风道	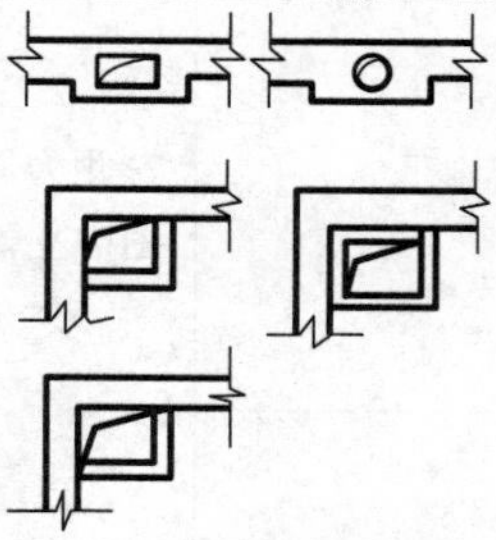	
16	新建的墙和窗	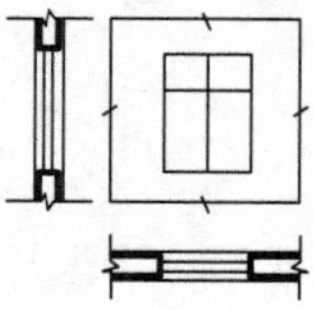	
17	改建时保窗的墙和窗	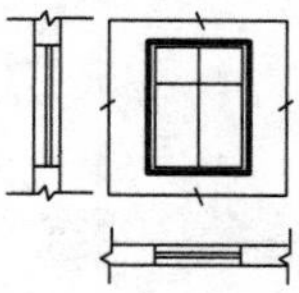	只更换窗,应加粗窗的轮廓线
18	拆除的墙	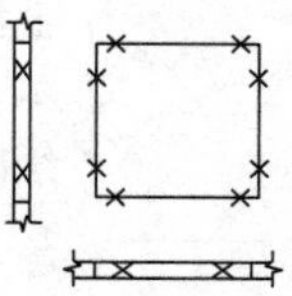	
19	改建时在原有墙或楼板新开的洞	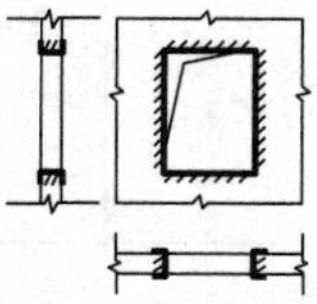	

续表

序号	名　称	图　例	备　注
20	在原有墙或楼板洞旁扩大的洞	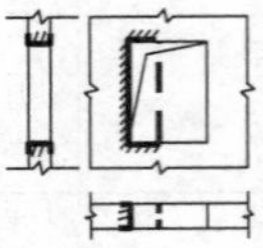	图示为洞口向左边扩大
21	在原有墙或楼板上全部填塞的洞	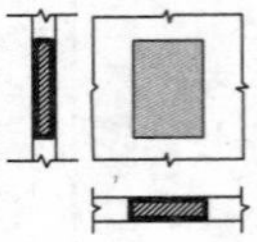	
22	在原有墙或楼板上局部填塞的洞	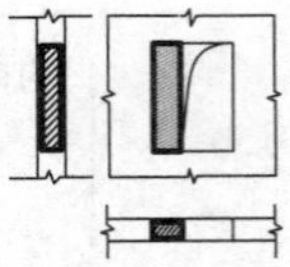	左侧为局部填塞的洞；图中立面图填充灰度或涂色
23	空门洞	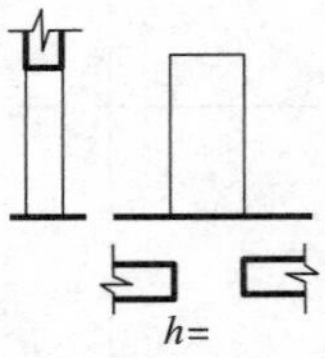 $h=$	h 为门洞高度
24	单扇平开或单向弹簧门	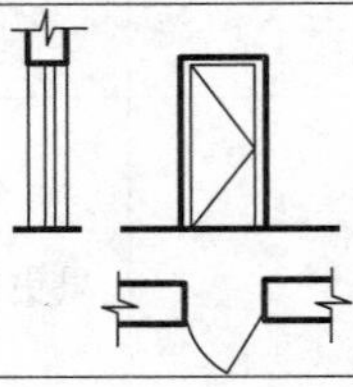	1. 门的名称代号用 M 表示； 2. 平面图中，下为外，上为内，门开启线为 90°、60°或 45°； 3. 立面图中，开启线实线为外开，虚线为内开，开启线交角的一侧为安装合页一侧，开启线在建筑立面图中可不表示，在立面大样图中可根据需要绘出； 4. 剖面图中，左为外，右为内； 5. 附加纱扇应以文字说明，在平、立、剖面图中均不表示； 6. 立面形式应按实际情况绘制
	单扇平开或双向弹簧门		
	双层单扇平开门		

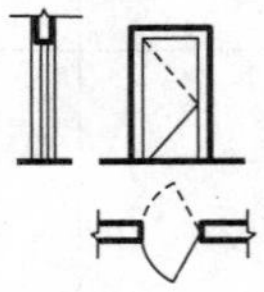

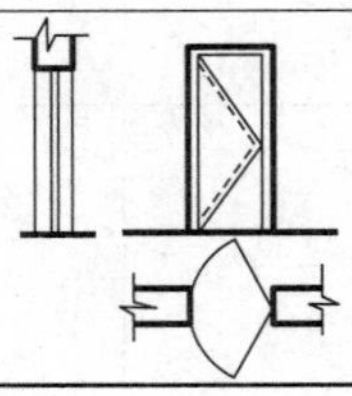

序号	名　称	图　例	备　注
25	单面开启双扇门（包括平开或单面弹簧）	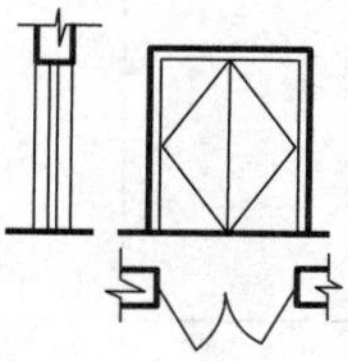	1. 门的名称代号用 M 表示； 2. 平面图中，下为外，上为内，门开启线为 90°、60°或 45°； 3. 立面图中，开启线实线为外开，虚线为内开，开启线交角的一侧为安装合页一侧，开启线在建筑立面图中可不表示，在立面大样图中可根据需要绘出； 4. 剖面图中，左为外，右为内； 5. 附加纱扇应以文字说明，在平、立、剖面图中均不表示； 6. 立面形式应按实际情况绘制
	双面开启双扇门（包括双面平开或双面弹簧）		
	双层双扇平开门		
26	折叠门	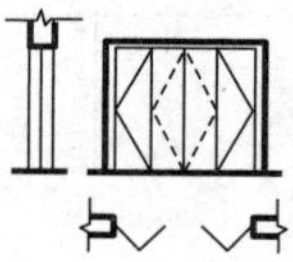	1. 门的名称代号用 M 表示； 2. 平面图中，下为外，上为内； 3. 立面图中，开启线实线为外开，虚线为内开，开启线交角的一侧为安装合页一侧； 4. 剖面图中，左为外，右为内； 5. 立面形式应按实际情况绘制
	推拉折叠门		
27	墙洞外单扇推拉门	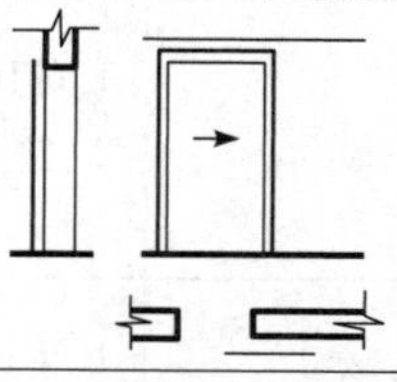	1. 门的名称代号用 M 表示； 2. 平面图中，下为外，上为内； 3. 剖面图中，左为外，右为内； 4. 立面形式应按实际情况绘制
	墙洞外双扇推拉门		

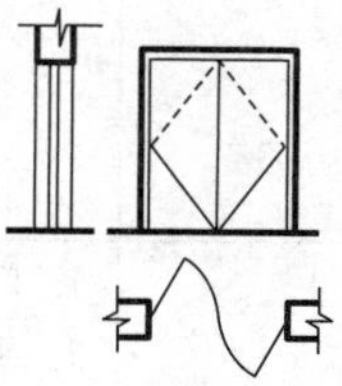

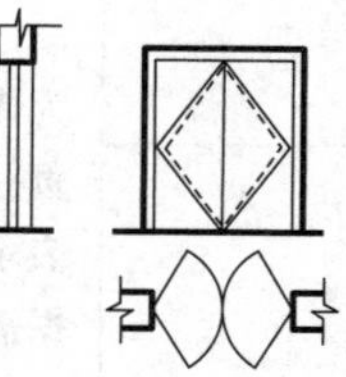

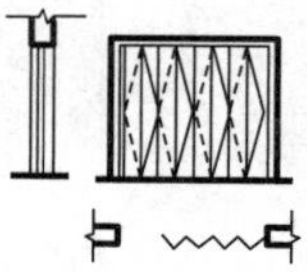

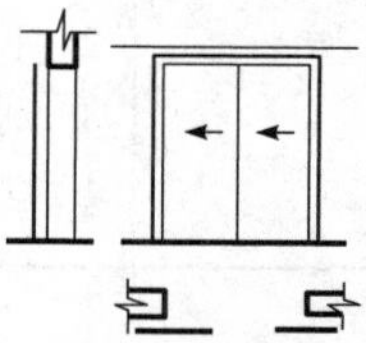

序号	名　称	图　例	备　注
27	墙中单扇推拉门	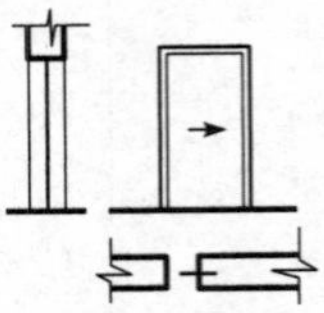	1. 门的名称代号用 M 表示； 2. 立面形式应按实际情况绘制
	墙中双扇推拉门	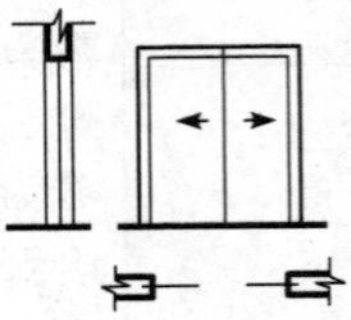	
28	推拉门	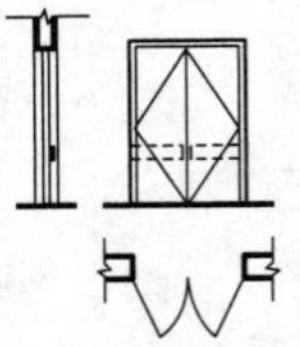	1. 门的名称代号用 M 表示； 2. 平面图中，下为外，上为内，门开启线为 90°、60°或 45°； 3. 立面图中，开启线实线为外开，虚线为内开，开启线交角的一侧为安装合页一侧，开启线在建筑立面图中可不表示，在室内设计立面大样图中可根据需要绘出； 4. 剖面图中，左为外，右为内； 5. 立面形式应按实际情况绘制
29	门连窗	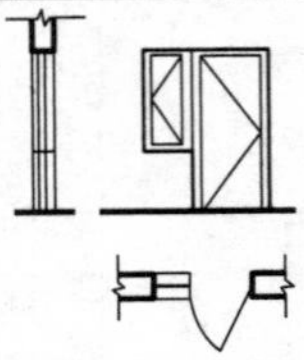	
30	旋转门	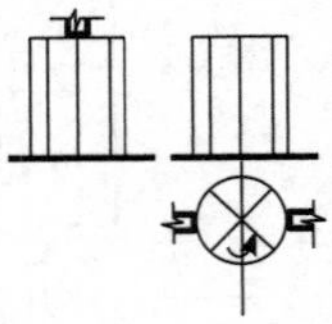	1. 门的名称代号用 M 表示； 2. 立面形式应按实际情况绘制
	两翼智能旋转门	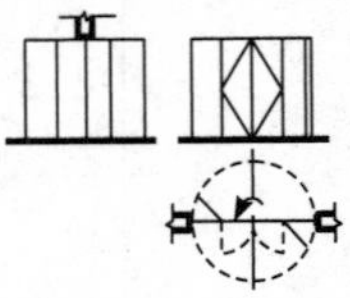	
31	自动门	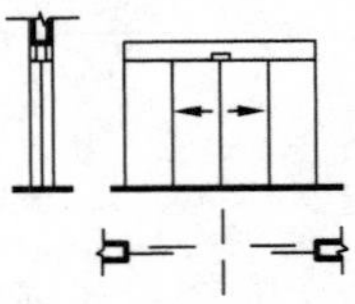	1. 门的名称代号用 M 表示； 2. 立面形式应按实际情况绘制
32	折叠上翻门	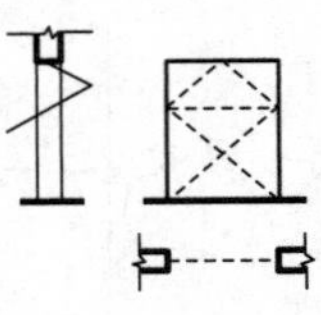	1. 门的名称代号用 M 表示； 2. 平面图中，下为外，上为内； 3. 剖面图中，左为外，右为内； 4. 立面形式应按实际情况绘制

序号	名　称	图　例	备　注
33	提升门		1. 门的名称代号用 M 表示； 2. 立面形式应按实际情况绘制
34	分节 提升门		
35	人助单扇 防护密 闭门		1. 门的名称代号按人助要求表示； 2. 立面形式应按实际情况绘制
	人助单扇 密闭门		
36	人助双扇 防护密 闭门		1. 门的名称代号按人助要求表示； 2. 立面形式应按实际情况绘制
	人助双扇 密闭门		

序号	名　称	图　例	备　注
37	横向窗帘门	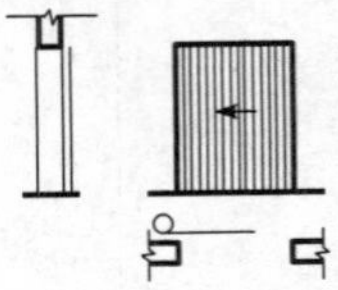	
	竖向窗帘门	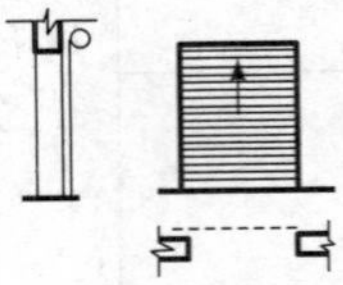	
	单侧双层窗帘门	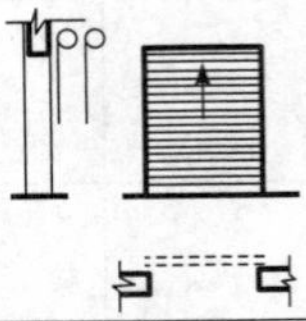	
	双侧双层窗帘门	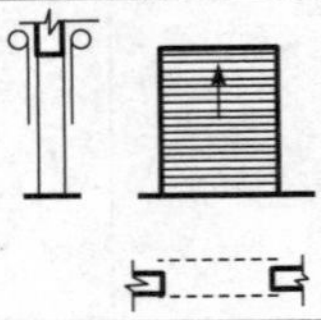	
38	固定窗	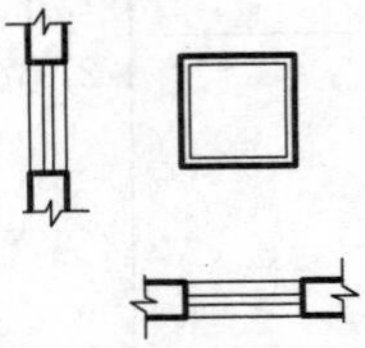	
39	上悬窗	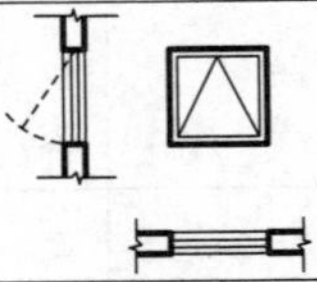	1. 窗的名称代号用 C 表示； 2. 平面图中，下为外，上为内； 3. 立面图中，开启线实线为外开，虚线为内开，开启线交角的一侧为安装合页一侧，开启线在建筑立面图中可不表示，在门窗立面大样图中需绘出； 4. 剖面图中，左为外，右为内，虚线仅表示开启方向，项目设计不表示； 5. 附加纱窗应以文字说明，在平、立、剖面图中均不表示； 6. 立面形式应按实际情况绘制
	中悬窗	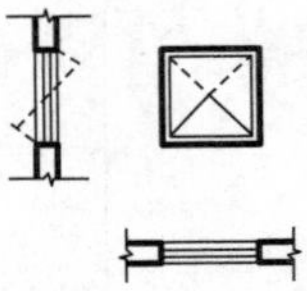	
40	下悬窗	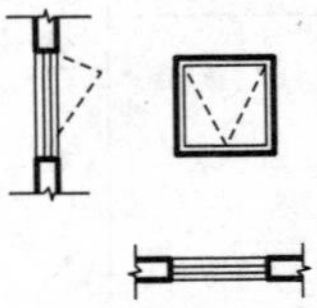	
41	立转窗	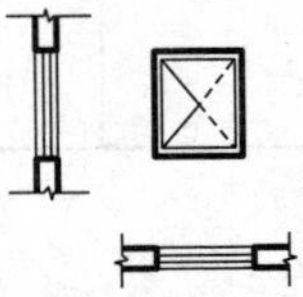	

序号	名　称	图　例	备　注
42	内开平开内倾窗	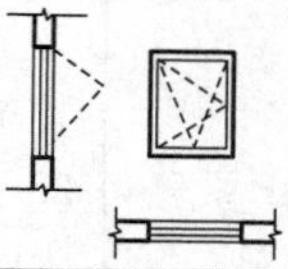	
43	单层外开平开窗 单层内开平开窗 双层内外开平开窗	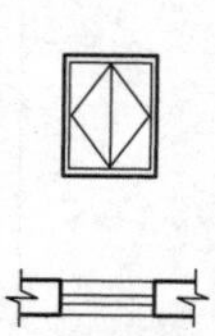	1. 窗的名称代号用 C 表示； 2. 平面图中，下为外，上为内； 3. 立面图中，开启线实线为外开，虚线为内开，开启线交角的一侧为安装合页一侧，开启线在建筑立面图中可不表示，在门窗立面大样图中需绘出； 4. 剖面图中，左为外，右为内，虚线仅表示开启方向，项目设计不表示； 5. 附加纱窗应以文字说明，在平、立、剖面图中均不表示； 6. 立面形式应按实际情况绘制
44	单层推拉窗 双层推拉窗	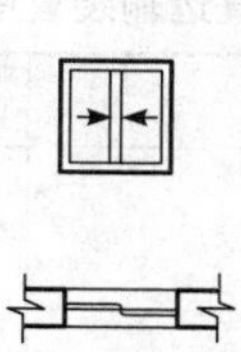	1. 窗的名称代号用 C 表示； 2. 立面形式应按实际情况绘制
45	上推窗	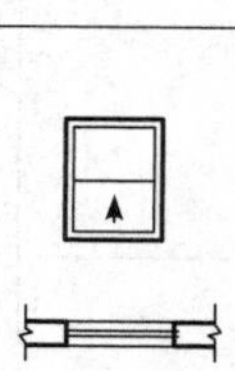	1. 窗的名称代号用 C 表示； 2. 立面形式应按实际情况绘制
46	百叶窗	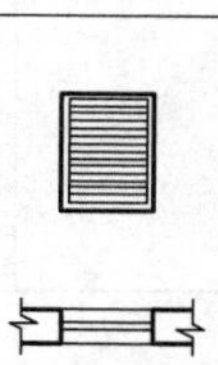	

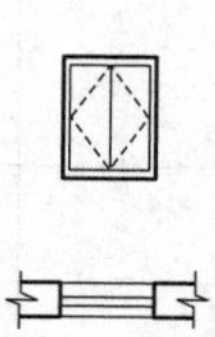

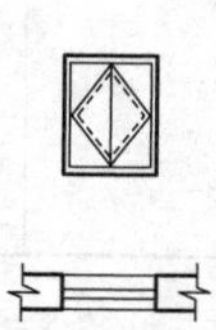

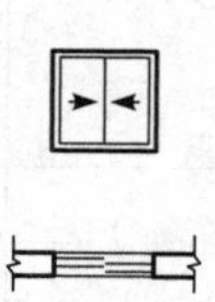

续表

序号	名　称	图　例	备　注
47	高窗	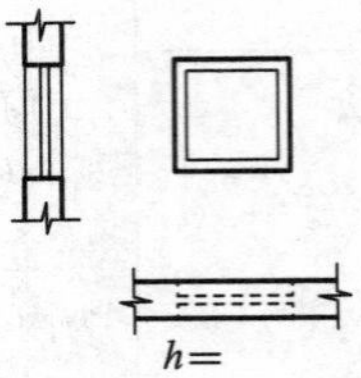	1. 窗的名称代号用 C 表示； 2. 立面图中，开启线实线为外开，虚线为内开，开启线交角的一侧为安装合页一侧，开启线在建筑立面图中可不表示，在门窗立面大样图中需绘出； 3. 剖面图中，左为外，右为内； 4. 立面形式应按实际情况绘制； 5. h 表示高窗底到本层地面标高； 6. 高窗开启方式参考其他窗型
48	平推窗	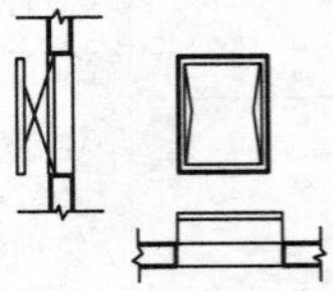	1. 窗的名称代号用 C 表示； 2. 立面形式应按实际情况绘制

附表 2　水平及垂直运输装置图例

序号	名　称	图　例	备　注
1	铁路		适用于标准轨及窄轨铁路，使用时应注明轨距
2	起重机轨道		
3	手、电动葫芦	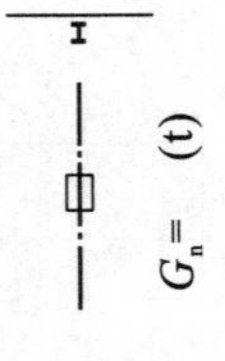 $G_n=$ (t)	1. 上图表示立面（或剖切面），下图表示平面； 2. 手动或电动由设计注明； 3. 需要时，可注明起重机的名称、行驶的范围及工作级别； 4. 本图例的符号说明： G_n 为起重机起重量，以吨(t)计算， S 为起重机的跨度或臂长，以米(m)计算
4	梁式悬挂起重机	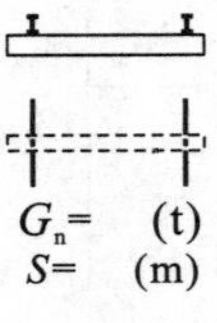 $G_n=$　(t) $S=$　(m)	

序号	名　称	图　例	备　注
5	多支点悬挂起重机	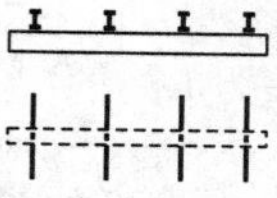 $G_n=$ (t) $S=$ (m)	1. 上图表示立面（或剖切面），下图表示平面； 2. 手动或电动由设计注明； 3. 需要时，可注明起重机的名称、行驶的范围及工作级别； 4. 本图例的符号说明： G_n 为起重机起重量，以吨(t)计算， S 为起重机的跨度或臂长，以米(m)计算
6	梁式起重机	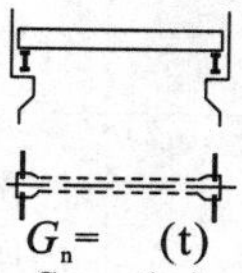 $G_n=$ (t) $S=$ (m)	
7	桥式起重机	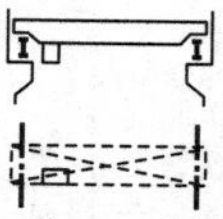 $G_n=$ (t) $S=$ (m)	1. 上图表示立面（或剖切面），下图表示平面； 2. 有无起重机应按实际情况绘制； 3. 需要时，可注明起重机的名称、行驶的范围及工作级别； 4. 本图例的符号说明： G_n 为起重机起重量，以吨(t)计算， S 为起重机的跨度或臂长，以米(m)计算
8	龙门式起重机	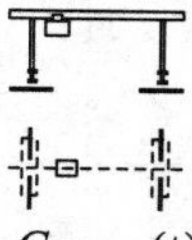 $G_n=$ (t) $S=$ (m)	
9	壁柱式起重机	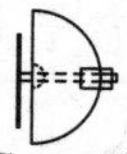 $G_n=$ (t) $S=$ (m)	1. 上图表示立面（或剖切面），下图表示平面； 2. 需要时，可注明起重机的名称、行驶的范围及工作级别； 3. 本图例的符号说明： G_n 为起重机起重量，以吨(t)计算， S 为起重机的跨度或臂长，以米(m)计算
10	壁行起重机	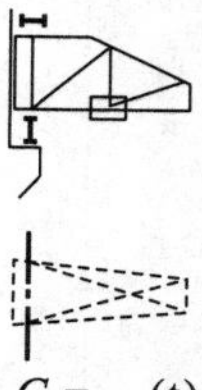 $G_n=$ (t) $S=$ (m)	

序号	名　称	图　例	备　注
11	定柱式起重机	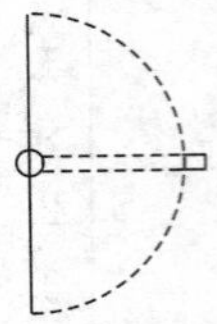 $G_n=$　(t) $S=$　(m)	1. 上图表示立面(或剖切面),下图表示平面; 2. 需要时,可注明起重机的名称、行驶的范围及工作级别; 3. 本图例的符号说明: G_n 为起重机起重量,以吨(t)计算, S 为起重机的跨度或臂长,以米(m)计算
12	传送带	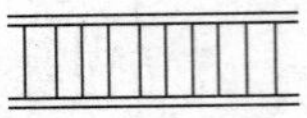	传送带的形式多种多样,项目设计图均按实际情况绘制,本图例仅为代表
13	电梯	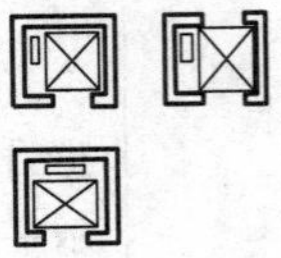	1. 电梯应注明类型,并按实际给出门和平衡梯或导轨的位置; 2. 其他类型电梯应参照本图例按实际情况绘制
14	杂物梯	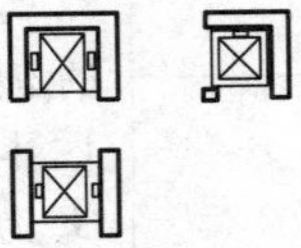	
15	自动扶梯	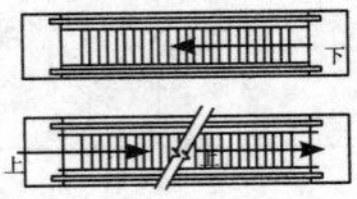	箭头方向为设计运行方向
16	自动人行道	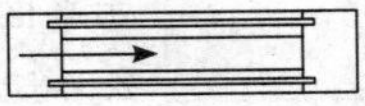	箭头方向为设计运行方向
17	自动人行坡道		

高职土建类
精品教材

《建筑工程制图与识图》
配套习题集
第2版

JIANZHU GONGCHENG ZHITU YU SHITU PEITAO XITIJI

主编　唐玉文

中国科学技术大学出版社

建筑制图工程民用房屋平立剖东南西北设计说明基础墙柱梁板楼梯框承重结构

图纸总平比例尺卫厨藏吊顶龙踢标木石落暗井斜坡厦企口管道施工审定日期泥

钢筋混凝土水灰浆玻璃马赛克门窗阳台雨篷勒脚防潮层散洞沟槽长宽厚标高形状大小体积轴线垂直前后左右甲

ABCDEFGHIJKLMNOPQRSTUVWXYZ 1234567890

ABCDEFGHIJKLMNOPQRSTUVWXYZ 1234567890

abcdefghijklmnopqrstuvwxyz   I II III IV V VI VII VIII IX X   RØ 1234567890

专业		班级		姓名		学号		日期		成绩	

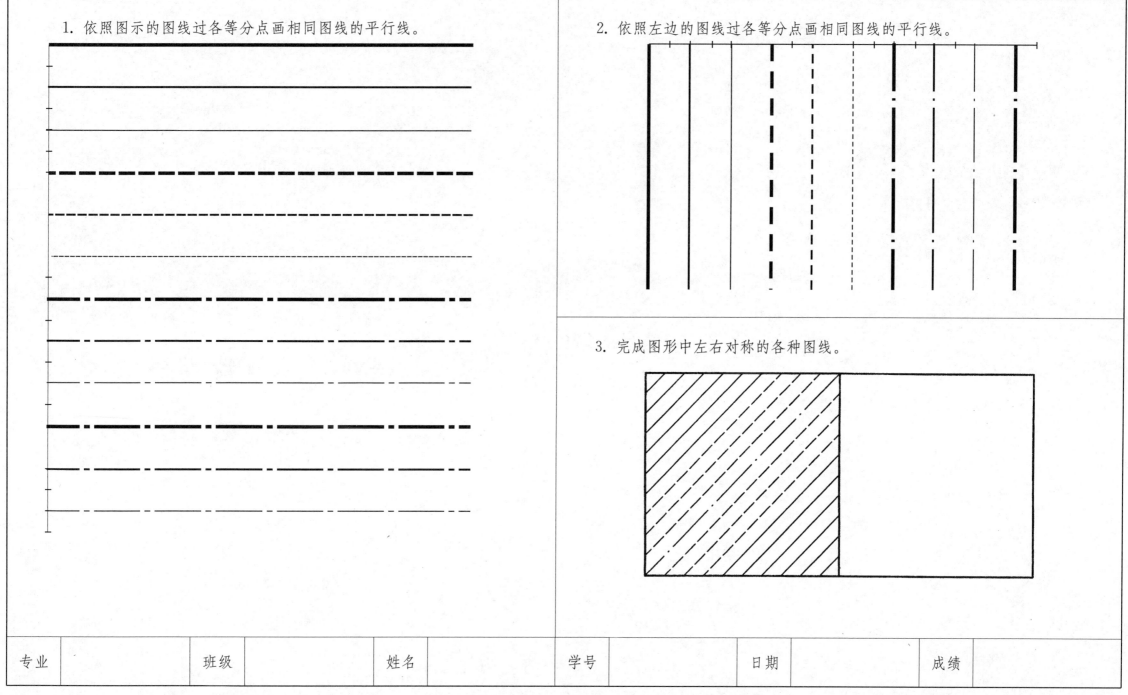

1. 依照图示的图线过各等分点画相同图线的平行线。

2. 依照左边的图线过各等分点画相同图线的平行线。

3. 完成图形中左右对称的各种图线。

专业		班级		姓名		学号		日期		成绩	

1. 用 A3 图纸抄绘图 1、图 2,不标注尺寸。
2. 绘图比例:图 1 用 1:1 绘制,图 2 用 1:50 绘制。

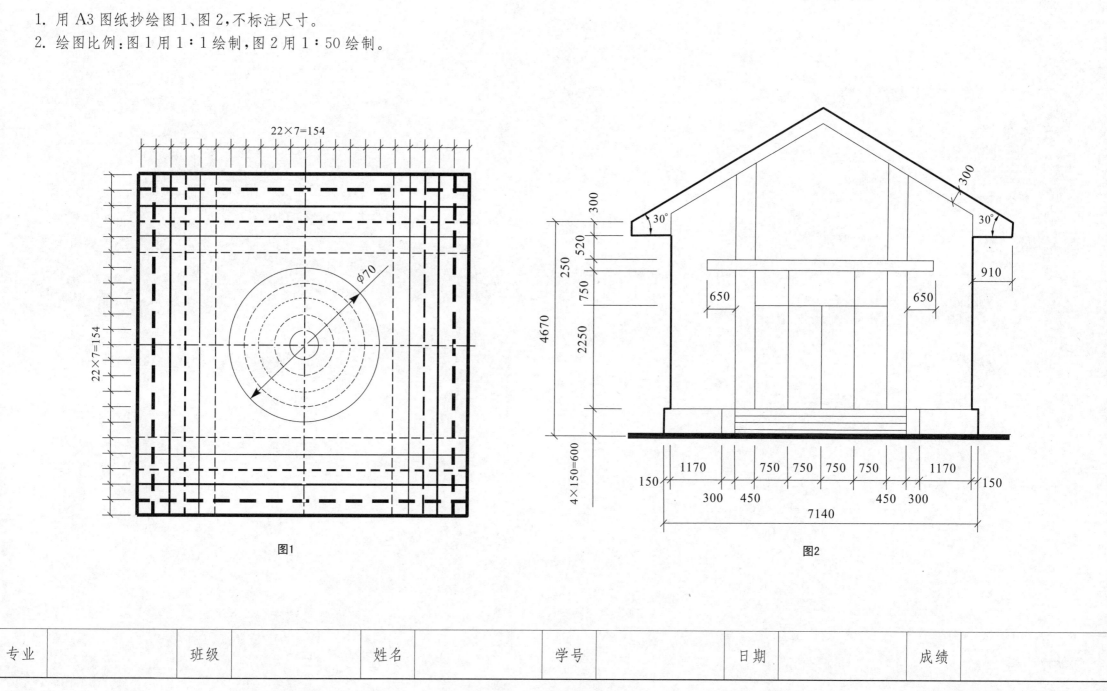

图1

图2

专业		班级		姓名		学号		日期		成绩	

1 建筑制图基本知识 几何作图1

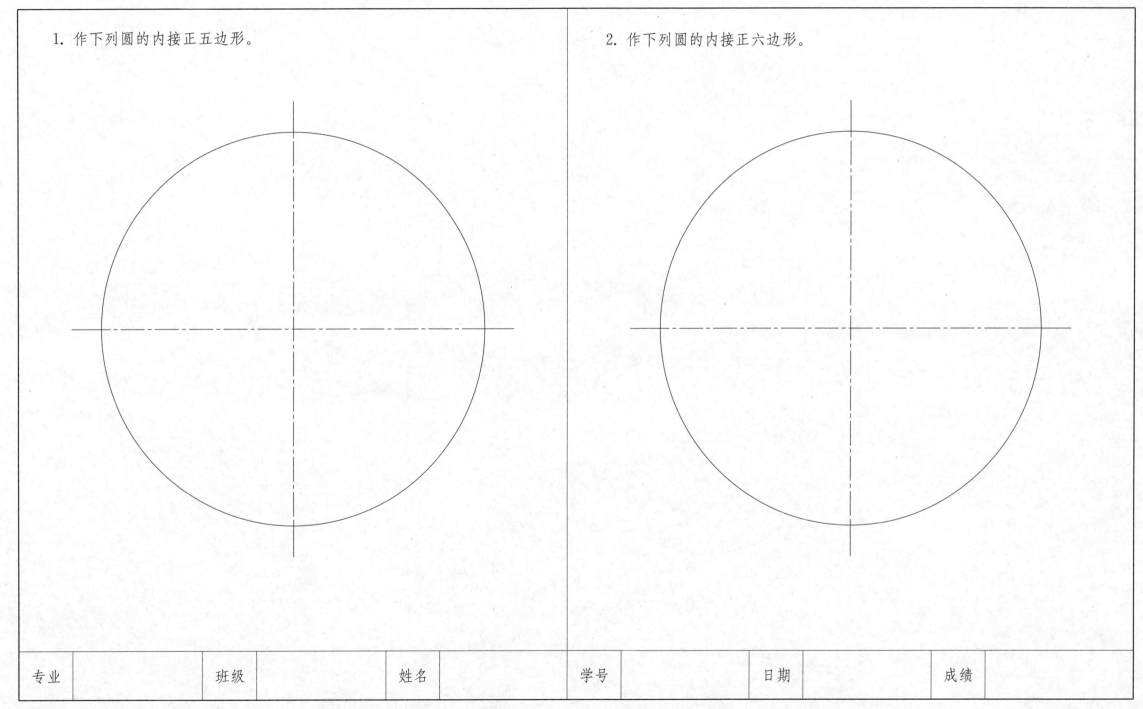

1. 作下列圆的内接正五边形。

2. 作下列圆的内接正六边形。

专业		班级		姓名		学号		日期		成绩	

1. 完成下列图中的圆弧连接。

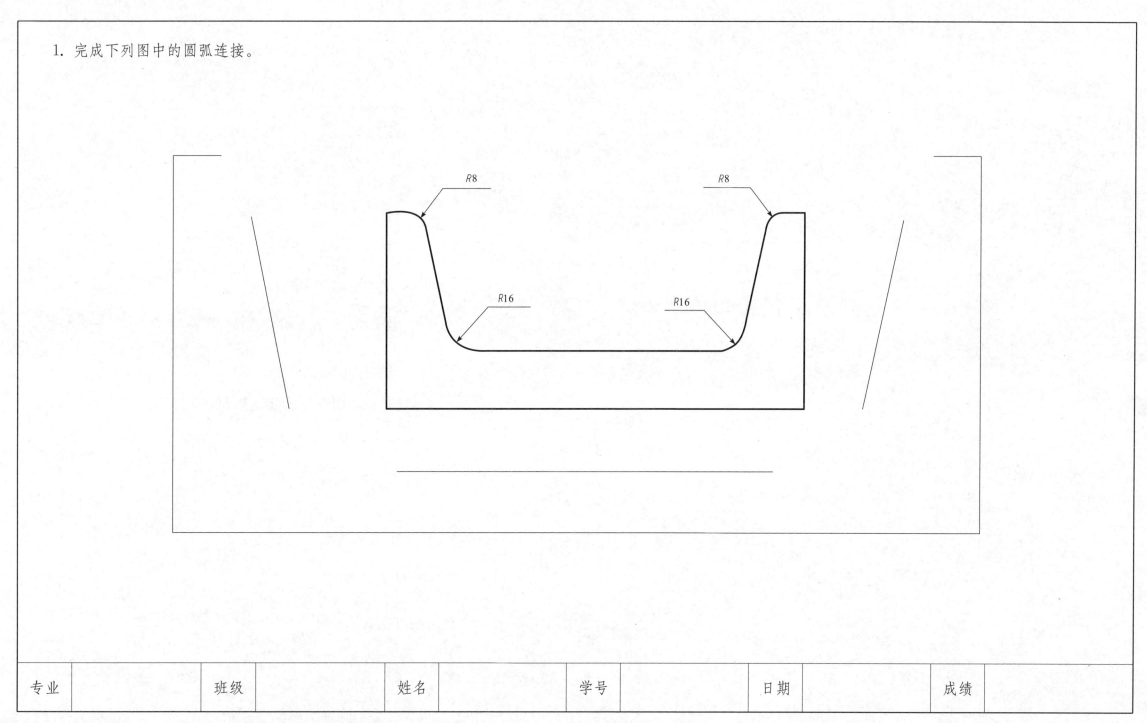

专业		班级		姓名		学号		日期		成绩	

2. 完成下列图中的圆弧连接。

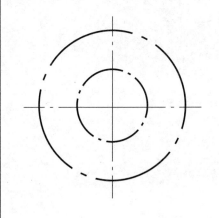

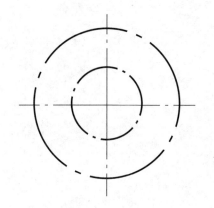

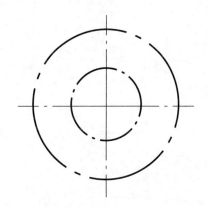

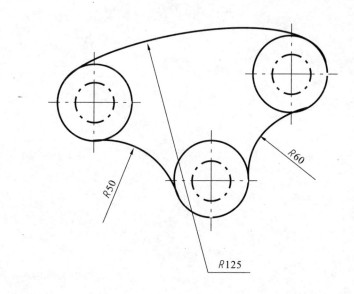

专业		班级		姓名		学号		日期		成绩	

2　投影的基本知识

1. 填空题：

(1) 投影形成必备的三个条件是(　　　　　)、(　　　　　)和(　　　　　)。

(2) 根据投射中心距离形体的远近,投影可分为(　　　　　)和(　　　　　),其中正投影又可分为(　　　　　)和(　　　　　)。

(3) 土建工程中常用的投影类别有(　　　　　)、(　　　　　)、(　　　　　)和(　　　　　),其形成原理分别是(　　　　　)、(　　　　　)、(　　　　　)和(　　　　　)。

(4) 正投影的基本特性是(　　　　　)、(　　　　　)和(　　　　　)。

(5) 三面投影体系由 3 个相互垂直的投影面组成。在三面投影体系中,3 个投影面分别为(　　　　　)投影面,简称(　　　　　)面,用(　　　　　)表示;(　　　　　)投影面,简称(　　　　　)面,用(　　　　　)表示;(　　　　　)投影面,简称(　　　　　)面,用(　　　　　)表示。3 个投影面分别两两相交,形成了 3 个投影轴,3 个投影轴的垂直相交的交点为原点 O。其中 OX 轴为(　　　　　)面和(　　　　　)面的交线,代表(　　　　　)方向;OY 轴为(　　　　　)面和(　　　　　)面的交线,代表(　　　　　)方向;OZ 轴为(　　　　　)面和(　　　　　)面的交线,代表(　　　　　)方向。

(6) 在形体的三面投影图中,其中 V 面投影是由(　　　　　)向(　　　　　)投影所得,反映形体的(　　　　　)和(　　　　　),不反映(　　　　　);H 面投影是由(　　　　　)向(　　　　　)投影所得,反映形体的(　　　　　)和(　　　　　),不反映(　　　　　);W 面投影是由(　　　　　)向(　　　　　)投影所得,反映形体的(　　　　　)和(　　　　　)。

(7) 形体的三面投影图的投影规律是(　　　　　)、(　　　　　)、(　　　　　)。

专业		班级		姓名		学号		日期		成绩	

2. 根据直观图找投影图。

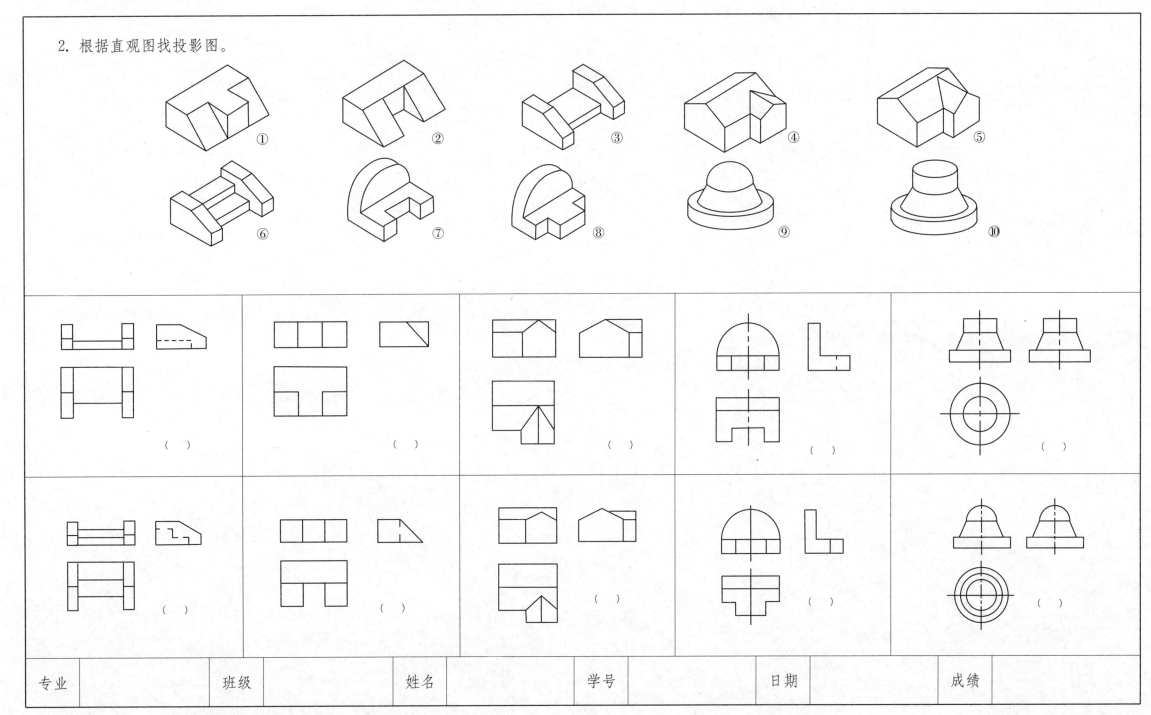

3. 根据投影图找直观图。

① ② ③ ④ ⑤ ⑥ ⑦

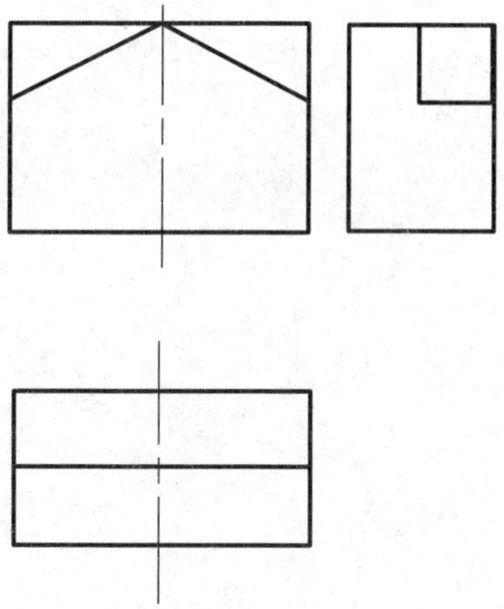

( ) ( ) ( ) ( )

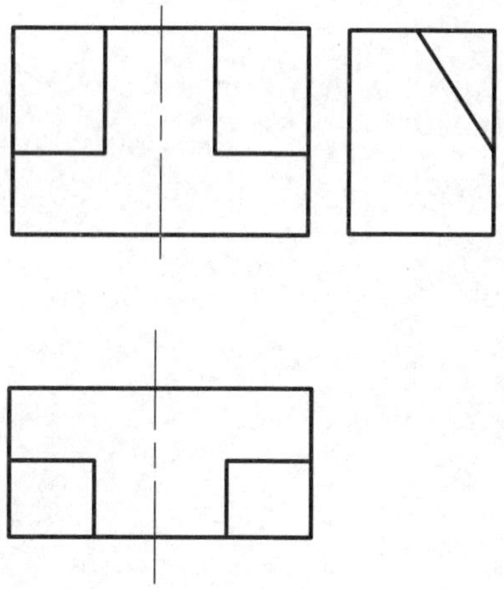

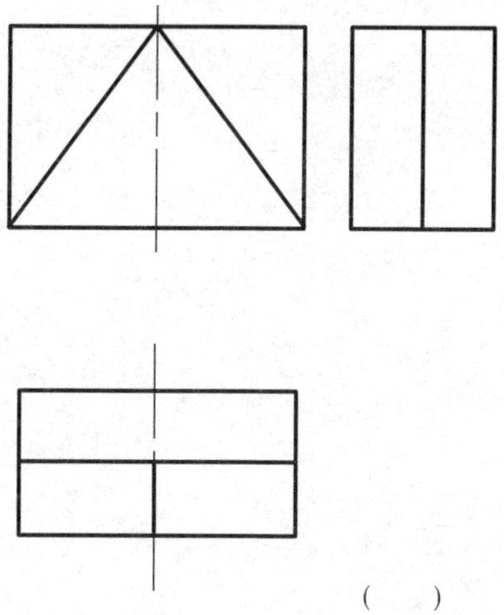

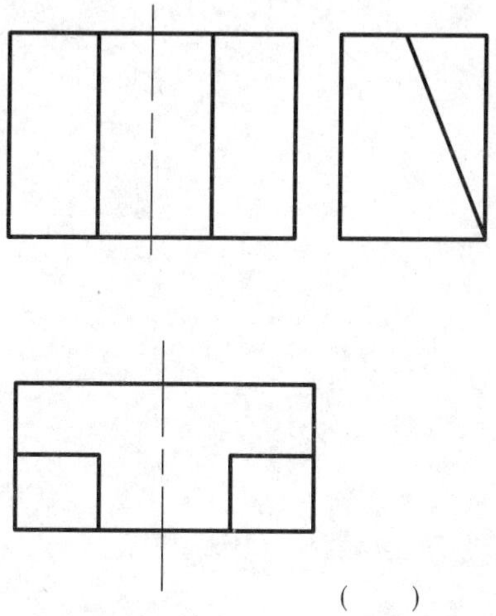

专业		班级		姓名		学号		日期		成绩	

4. 在轴测图中标注三面投影图中所给的平面 C、H、G、P 和 Q 的投影并填空。

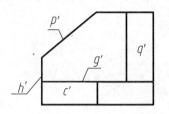

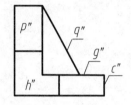

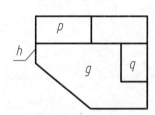

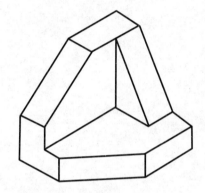

(1) P 平面在 V 面投影反映了正投影的（　　　　　）性，在 H、W 面投影反映了正投影的（　　　　　）性。

(2) Q 平面在 W 面投影反映了正投影的（　　　　　）性，在 H、V 面投影反映了正投影的（　　　　　）性。

(3) G 平面在 H 面投影反映了正投影的（　　　　　）性，在 V、W 面投影反映了正投影的（　　　　　）性。

(4) H 平面在 W 面投影反映了正投影的（　　　　　）性，在 V、H 面投影反映了正投影的（　　　　　）性。

(5) C 平面在 V 面投影反映了正投影的（　　　　　）性，在 H、W 面投影反映了正投影的（　　　　　）性。

专业		班级		姓名		学号		日期		成绩	

5. 在如下形体的三面投影图中,标注立体图中所给的直线 DC、BC、AB、AF 以及平面 P 和 Q 的三面投影并填空。

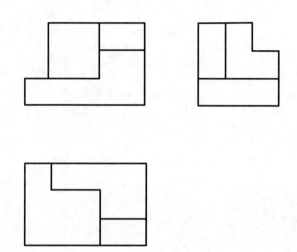

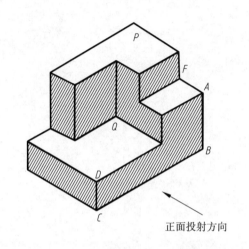

正面投射方向

(1) 平面 P 和 Q 在 H 面投影反映了正投影的(　　　　　　)性,在 V、W 面投影反映了正投影的(　　　　　　)性。

(2) 直线 CD 在 H 面投影反映了正投影的(　　　　　　)性,在 W、V 面投影反映了正投影的(　　　　　　)性。

(3) 直线 BC 在 V、H 面投影反映了正投影的(　　　　　　)性,在 W 面投影反映了正投影的(　　　　　　)性。

(4) 直线 AF 在 V 面投影反映了正投影的(　　　　　　)性,在 H、W 面投影反映了正投影的(　　　　　　)性。

专业		班级		姓名		学号		日期		成绩	

1. 求各点的第三面投影，并填上各点到投影面的距离。

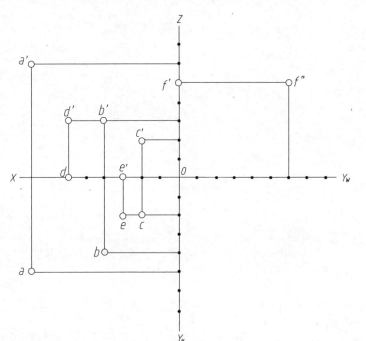

A 点距 V 面（　　　）、距 H 面（　　　）、距 W 面（　　　）
B 点距 V 面（　　　）、距 H 面（　　　）、距 W 面（　　　）
C 点距 V 面（　　　）、距 H 面（　　　）、距 W 面（　　　）
D 点距 V 面（　　　）、距 H 面（　　　）、距 W 面（　　　）
E 点距 V 面（　　　）、距 H 面（　　　）、距 W 面（　　　）
F 点距 V 面（　　　）、距 H 面（　　　）、距 W 面（　　　）

2. 已知点 $K(10,15,20)$、$M(20,15,10)$、$N(10,15,10)$ 三点的坐标，作出三面投影和在直观图中的位置，并判别可见性。

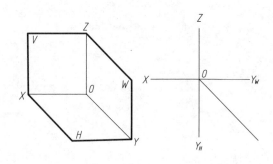

3. 比较 A、B、C 三点的相对位置。

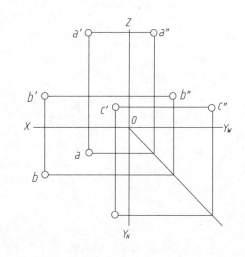

A 点在 B 点 { （上、下）（左、右）（前、后）

B 点在 C 点 { （上、下）（左、右）（前、后）

C 点在 A 点 { （上、下）（左、右）（前、后）

专业		班级		姓名		学号		日期		成绩	

4. 已知点 E 的坐标 $(25,20,30)$,点 F 在点 E 之左 10,之下 15,之后 10;点 G 在点 E 正前方 15 mm,作出点 E、F、G 的三面投影。

5. 已知点 A 距 W 面 30 mm,点 B 在点 A 正前方 10 mm,画出点 A、B 的三面投影。

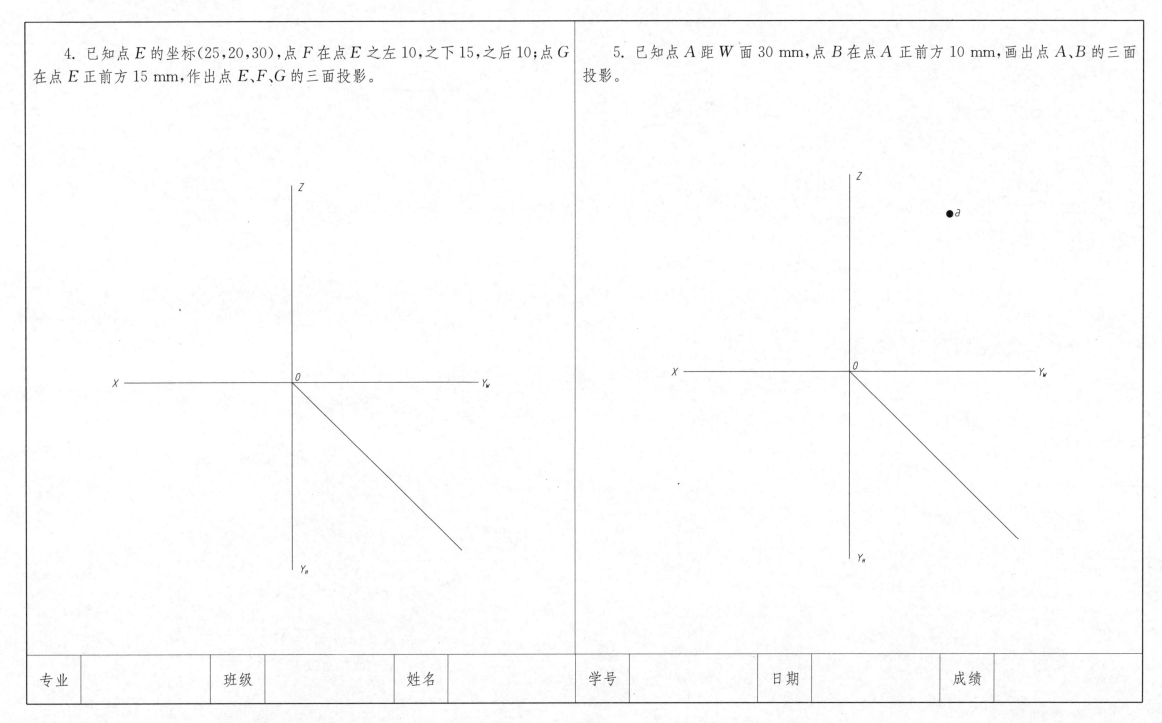

专业		班级		姓名		学号		日期		成绩	

6. 已知 A 点的 V 面投影，且 A、B 两点同高，B 点在 A 点左边，$Aa'=30$，$Bb'=20$，且 A、B 两点的 H 面投影相距 40。求 a、b 和 b'。

• a'

X —————————————————————— 0

7. 已知形体的立体图及其三面正投影图，在三面正投影图上标出 A、B、C、D、E 点的三面投影。

专业		班级		姓名		学号		日期		成绩	

1. 作出下列直线的第三面投影，并判断直线的类型。

（　　　）线　　　　　（　　　）线　　　　　（　　　）线　　　　　（　　　）线

（　　　）线　　　　　（　　　）线　　　　　（　　　）线　　　　　（　　　）线

专业		班级		姓名		学号		日期		成绩	

2. 根据已知条件,作直线的投影。

(1) 已知 $AB /\!/ H$ 面及 ab 和 a',求 $a'b'$。

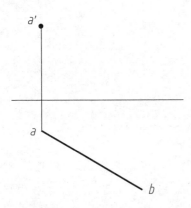

(2) 已知 $CD /\!/ V$ 面,且距离 V 面 20,求 cd。

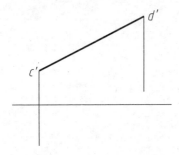

3. 已知直线 AB 的实长为 15,求作其三面投影。

(1) $AB /\!/ W$ 面,$\beta = 30°$;点 B 在点 A 之下、之前。

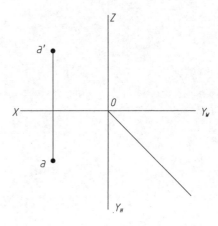

(2) $AB \perp H$ 面,点 B 在点 A 之下。

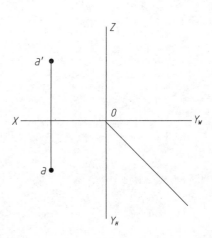

专业		班级		姓名		学号		日期		成绩	

4. 过 K 点作一直线 KG 与 AB 相交。

(1) 端点 G 在 Z 轴上。

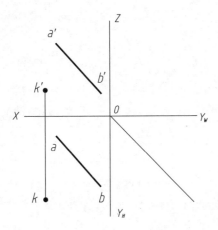

(2) 端点 G 在 Y 轴上。

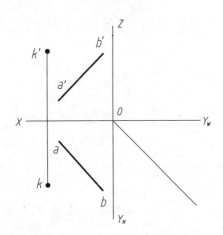

5. 已知直线 AB 和点 C、D，要求：

(1) 判断点 C 是否在直线 AB 上，把结果填在下面括号内；

(2) 直线 AB 上 E 点，分割 AB 成 AE：$EB=3$：5，作出直线 AB 的 W 面投影和 E 点的三面投影。

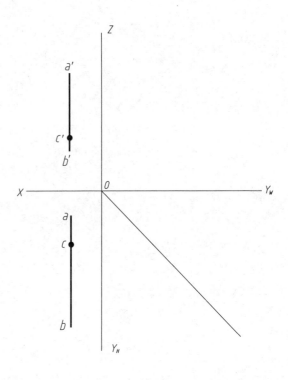

点 C（　　　　）直线 AB 上。

专业		班级		姓名		学号		日期		成绩		

6. 作直线 AB 上点 C 的投影。

(1) 点 C 距 V 面 15 mm。

(2)

7. 在直线 AB 上找一点 C，使其分割 AB 为：

(1) $AC : CB = 1 : 2$。

(2) $AC : CB = 2 : 3$。

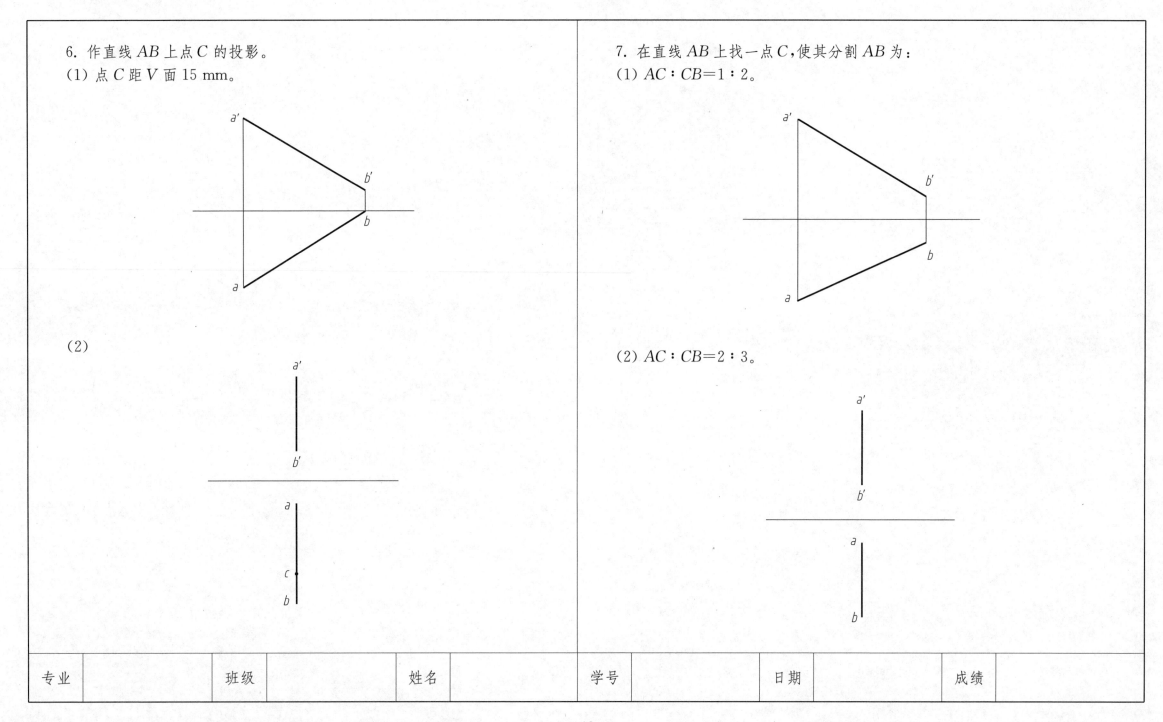

专业		班级		姓名		学号		日期		成绩	

8. 求直线 AB 的真长及对 H 面、V 面的倾角 α、β。

9. 已知点 C 位于直线 AB 上，$AC=20$ mm，求 C 点的两面投影。

10. 已知直线 $AB=AC$，求 ac。

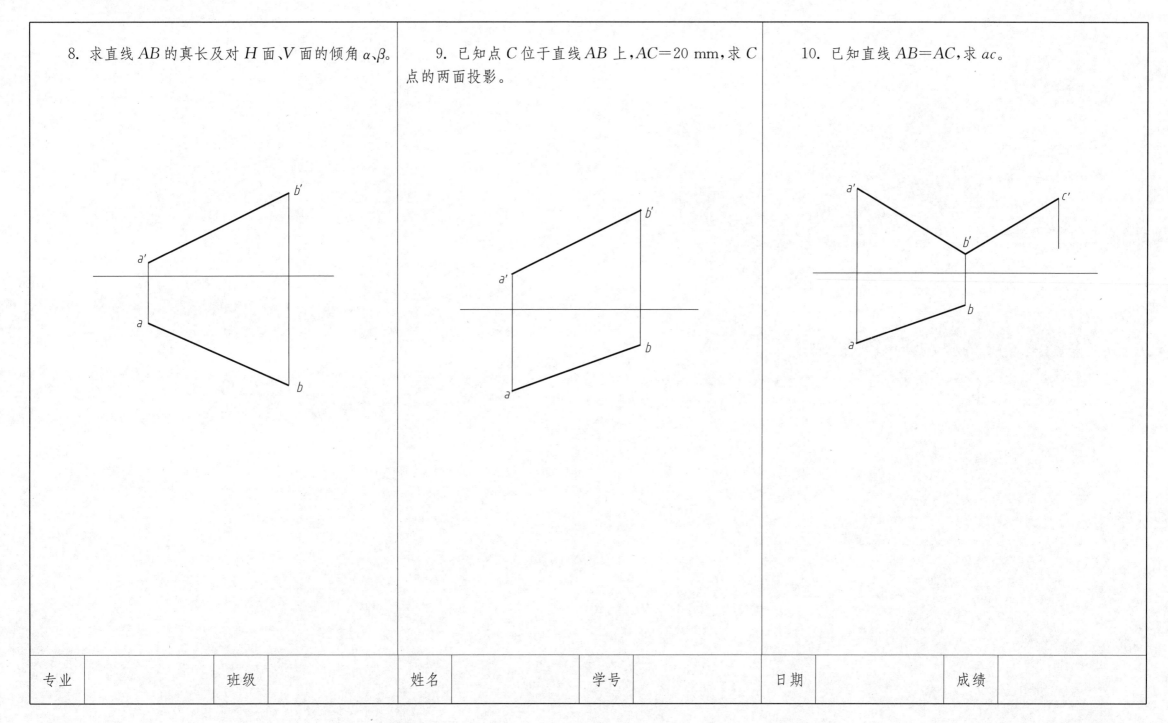

专业		班级		姓名		学号		日期		成绩	

11. 已知直线 AB、CD 的两面投影，判断两直线在空间的相对位置。

12. 过 M 点作水平线 MN 与直线 AB 垂直相交，N 为垂足。

13. 已知 AB∥V 面，AB⊥CD，BC＝30 mm，C 点在 V 面上，C 在 B 之下，求 BC 的两面投影。

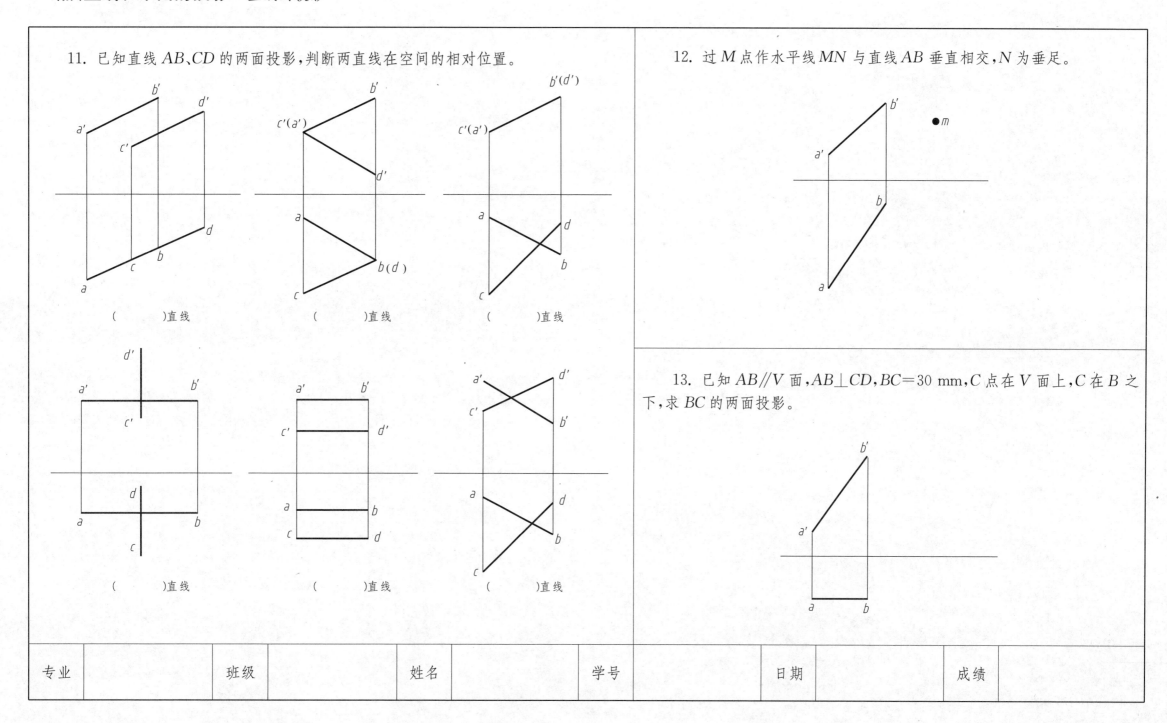

（　　）直线　（　　）直线　（　　）直线

（　　）直线　（　　）直线　（　　）直线

专业		班级		姓名		学号		日期		成绩	

1. 试补画出下列平面的第三面投影，并判断平面的类型。

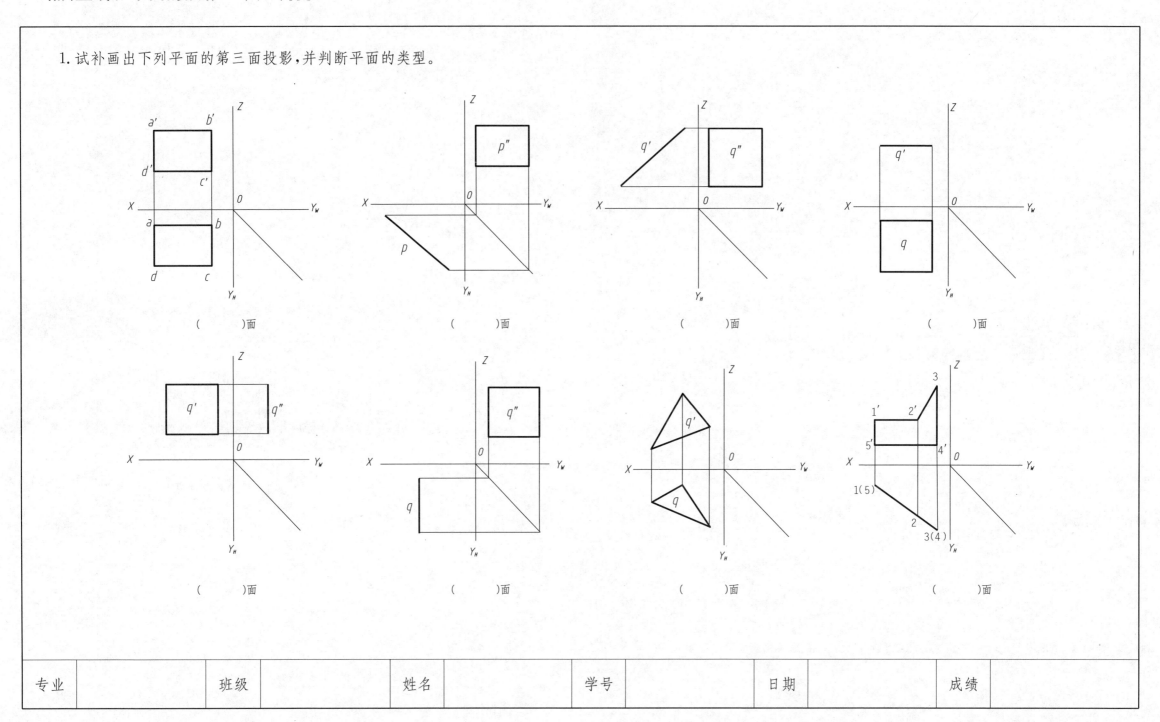

（　　）面　　　　（　　）面　　　　（　　）面　　　　（　　）面

（　　）面　　　　（　　）面　　　　（　　）面　　　　（　　）面

专业		班级		姓名		学号		日期		成绩	

2. 完成平面五边形 ABCDE 的投影。

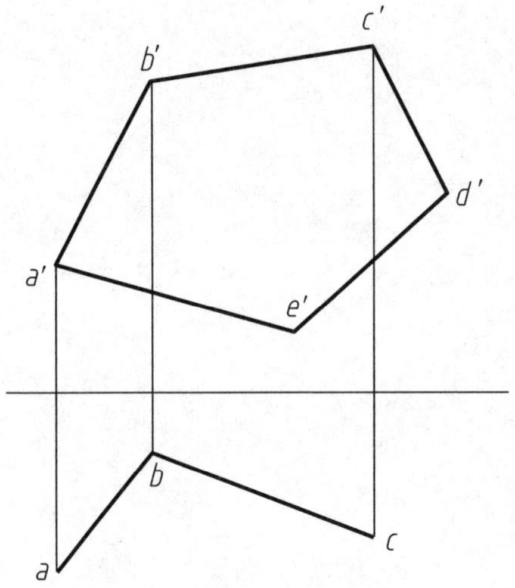

3. 如本题图中平面 A 所示，在投影图中标出各平面的三面投影，并写出属何种位置平面。

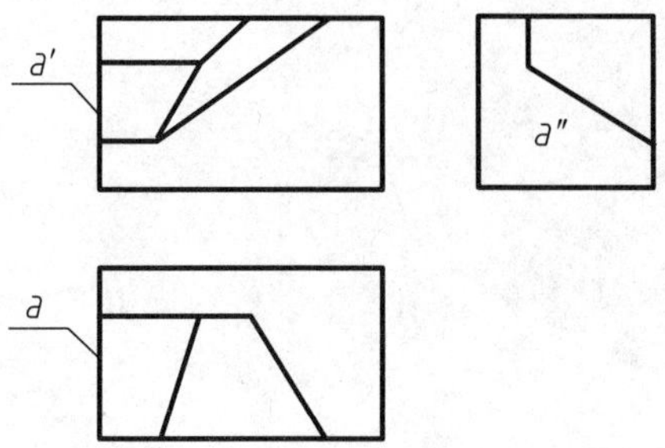

A 面是（　　　　）面；

B 面是（　　　　）面；

C 面是（　　　　）面；

D 面是（　　　　）面。

4. 求△ABC 对 H 面的倾角。

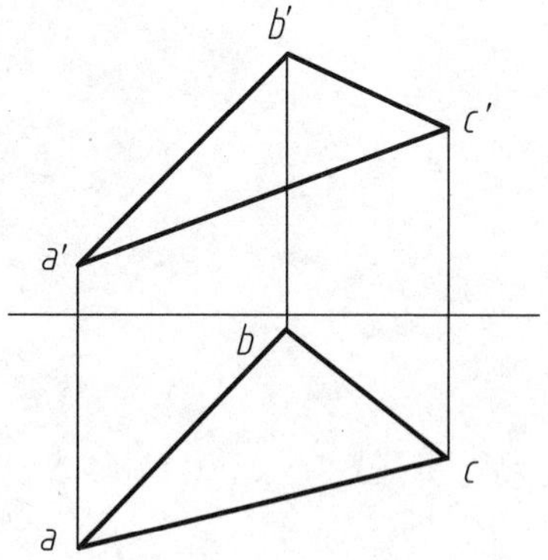

5. 已知等边△ABC 底边在水平线 MN 上，且知 A 点的 V、H 面投影，如图所示，求△ABC 的两面投影。

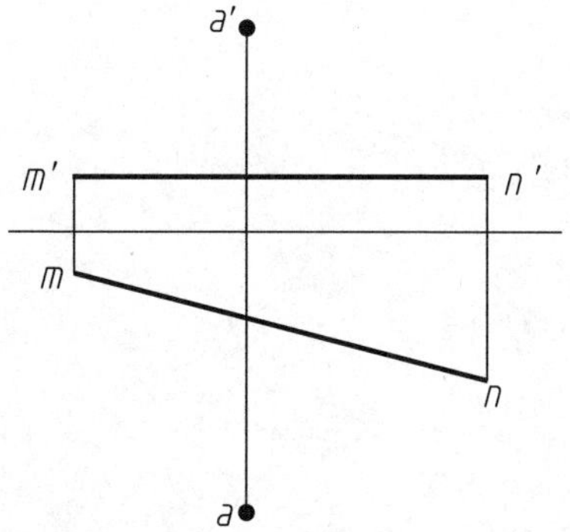

专业		班级		姓名		学号		日期		成绩	

4 体的投影 平面体的投影

1. 作图示平面体的三面投影。

(1)

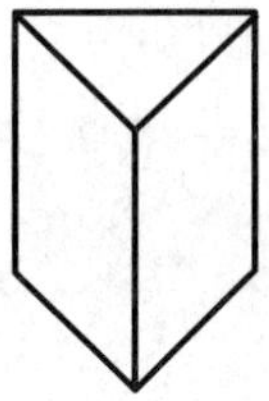

(2)

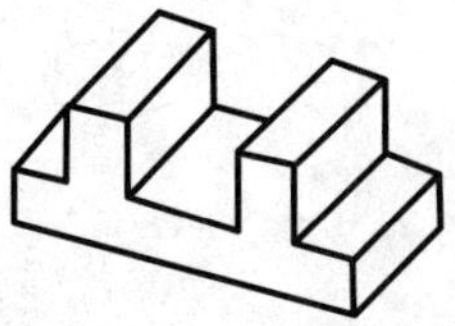

2. 补绘平面体的第三面投影。

(1)

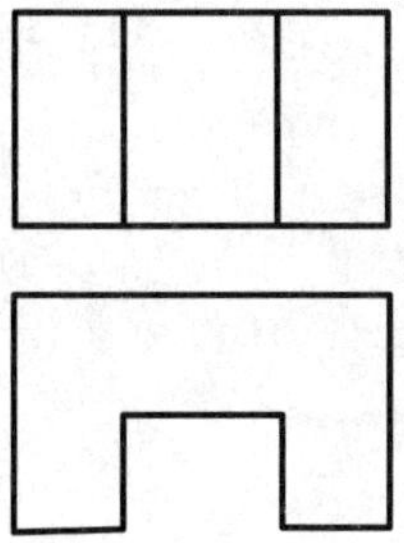

(2)

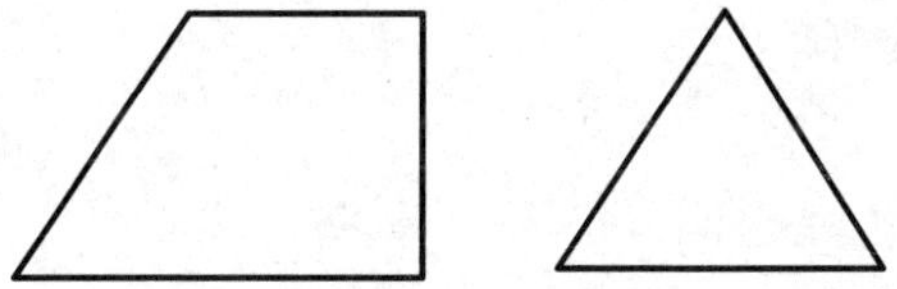

3. 补绘平面体的第三面投影，并完成平面体表面上各点的三面投影。

(1)

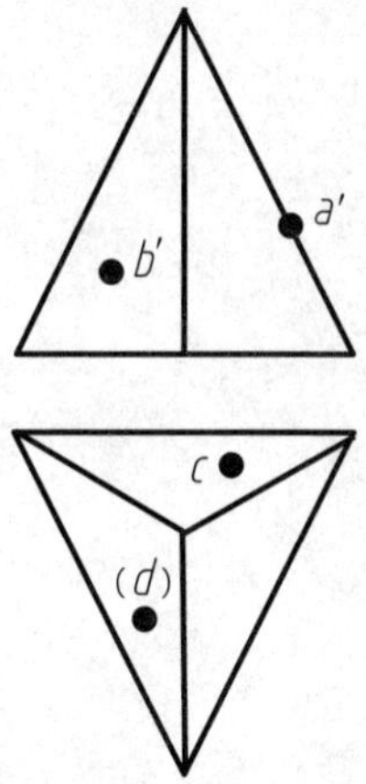

(2)

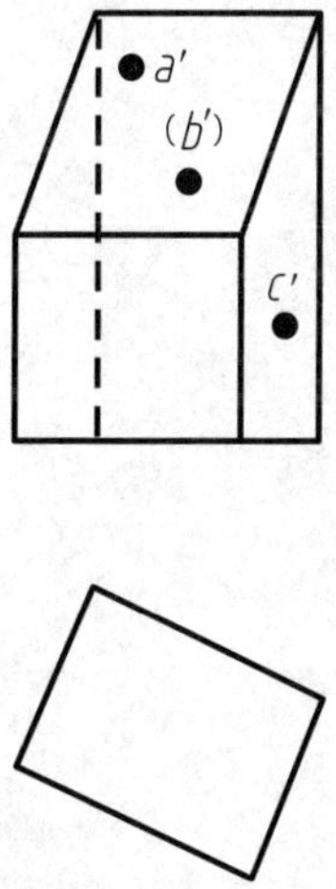

专业		班级		姓名		学号		日期		成绩	

1. 作图示曲面体的三面投影。

(1)

(2)

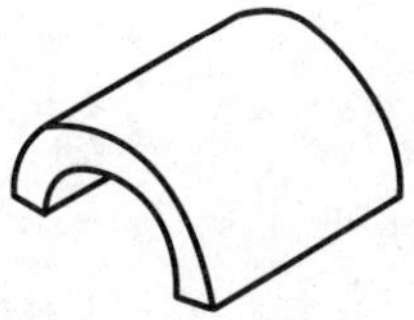

2. 补绘曲面体的第三面投影。

(1)

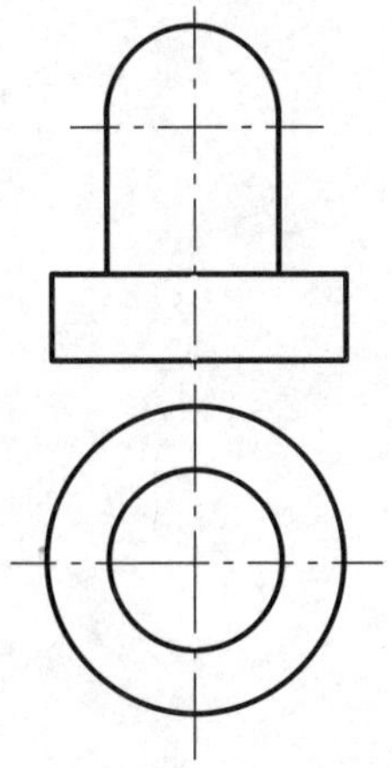

(2)

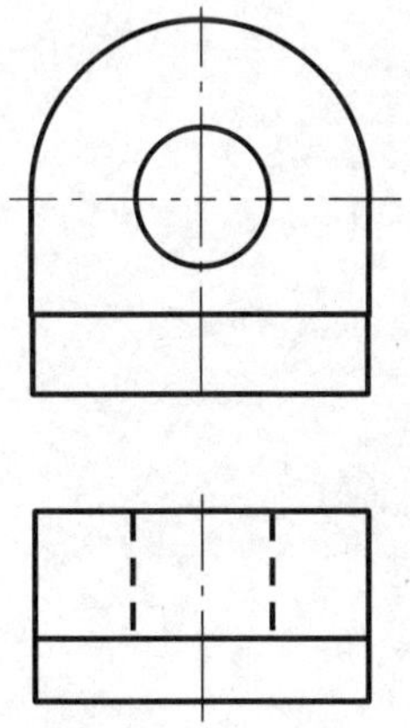

3. 补绘曲面体的第三面投影,并完成平面体表面上各点的三面投影。

(1)

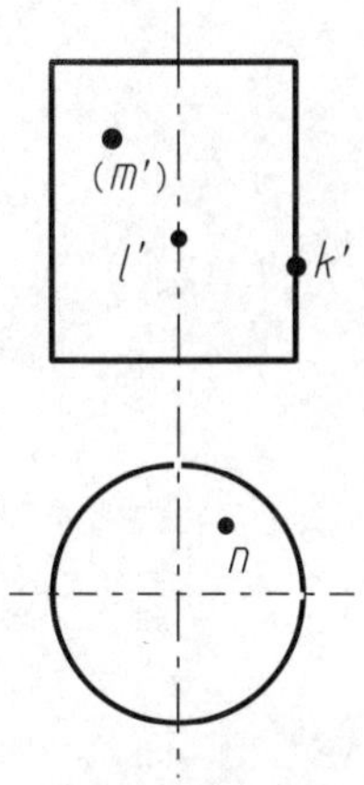

(m′)

l′   k′

n

(2)

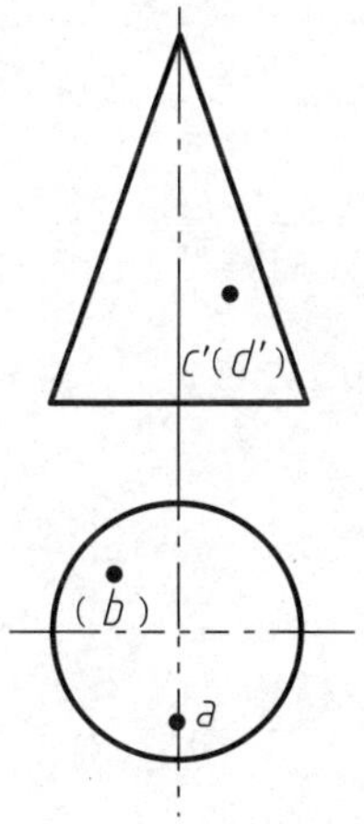

c′(d′)

(b)

a

专业		班级		姓名		学号		日期		成绩	

1. 求三棱锥被正垂面截切后的三面投影。

2. 完成正六棱柱被正垂面截切后的三面投影。

3. 完成带缺口三棱柱的三面投影。

4. 求圆柱被正垂面斜切后的三面投影。

5. 求圆锥被正垂面截切后的三面投影。

6. 完成半圆球开槽后的三面投影。

专业		班级		姓名		学号		日期		成绩	

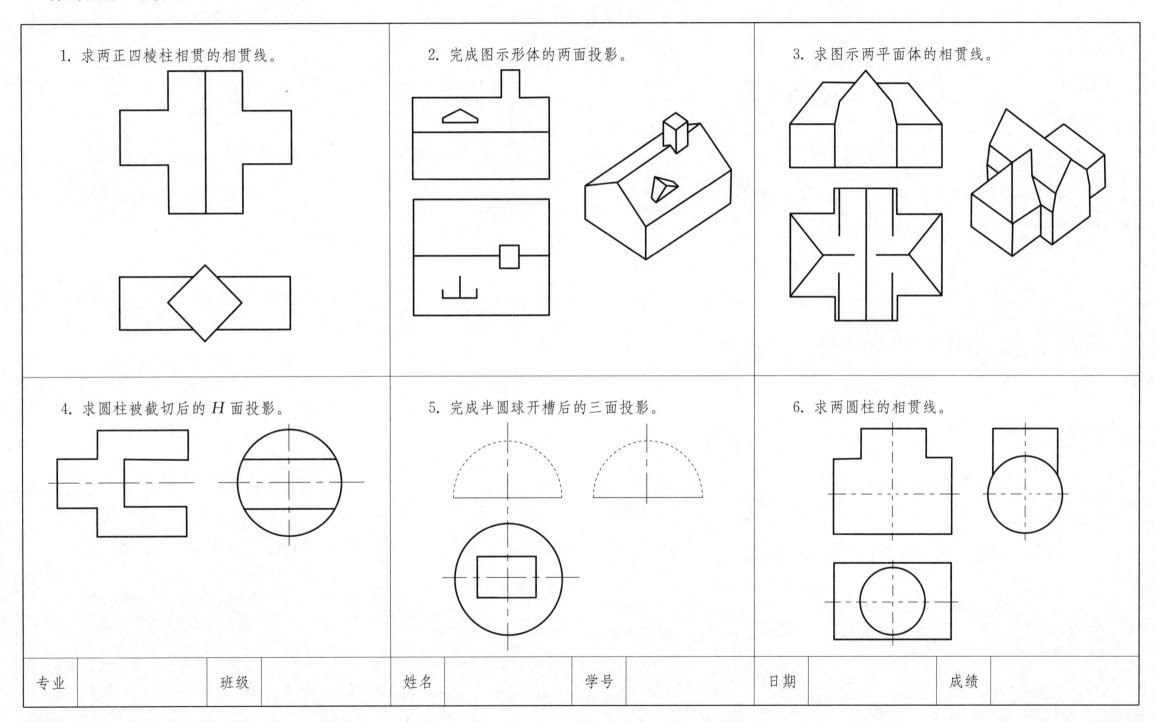

1. 求两正四棱柱相贯的相贯线。

2. 完成图示形体的两面投影。

3. 求图示两平面体的相贯线。

4. 求圆柱被截切后的 H 面投影。

5. 完成半圆球开槽后的三面投影。

6. 求两圆柱的相贯线。

专业		班级		姓名		学号		日期		成绩	

根据正投影图绘制正等轴测图。

（1）

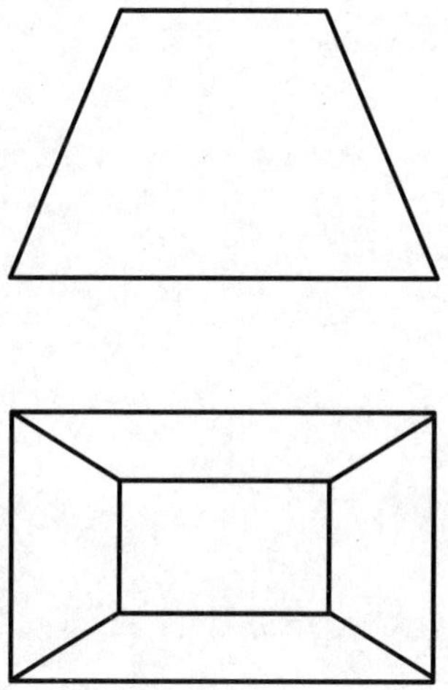

（2）

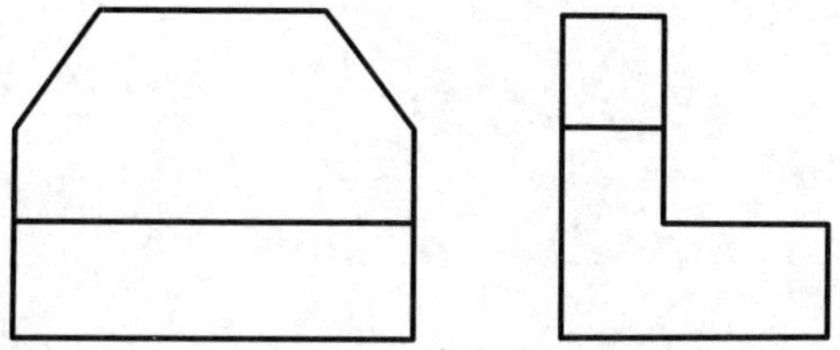

专业		班级		姓名		学号		日期		成绩	

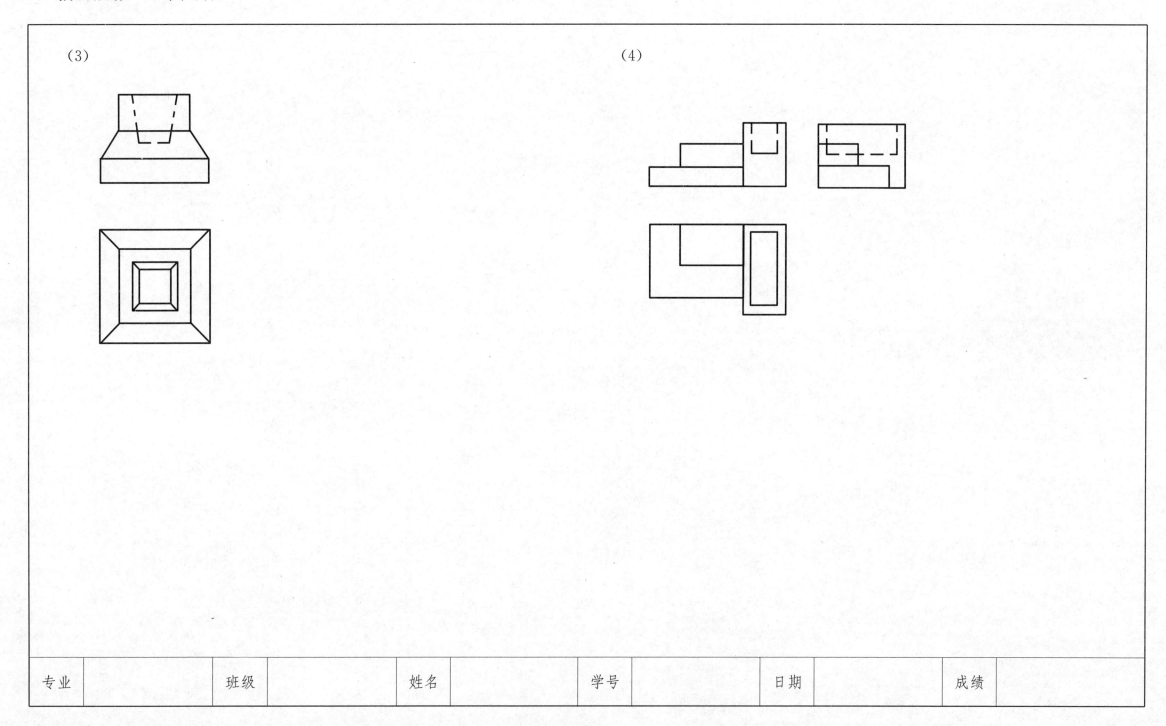

（3）

（4）

专业		班级		姓名		学号		日期		成绩	

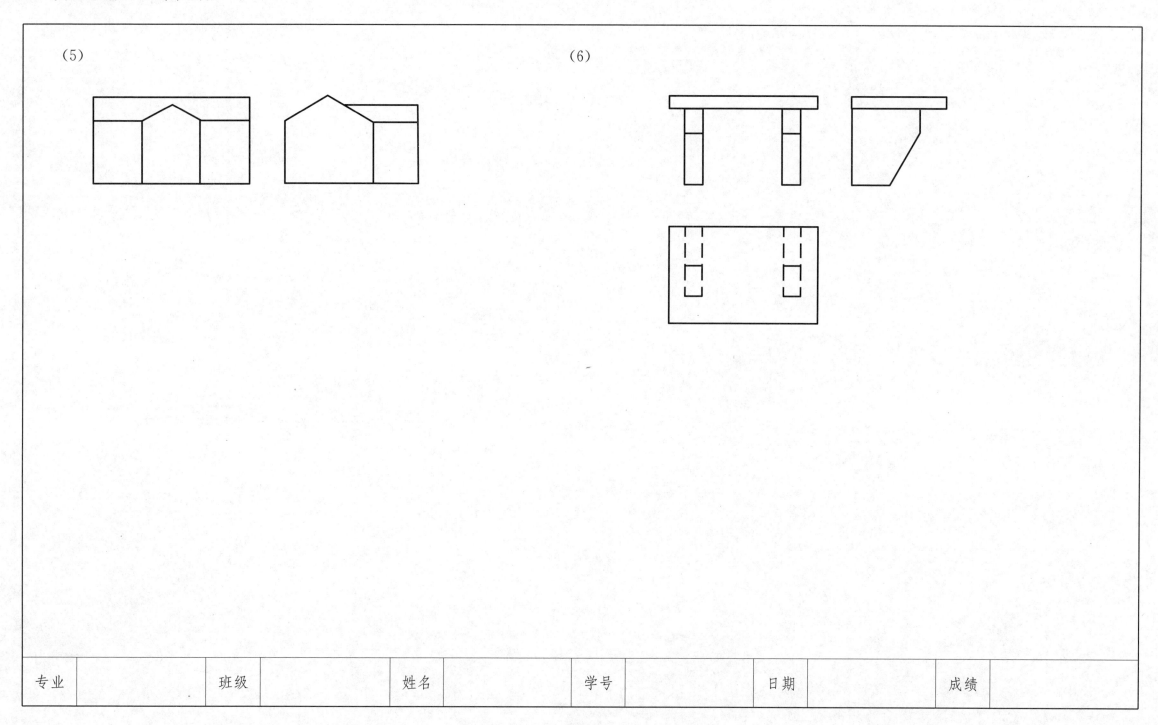

（5）

（6）

专业		班级		姓名		学号		日期		成绩	

（7）

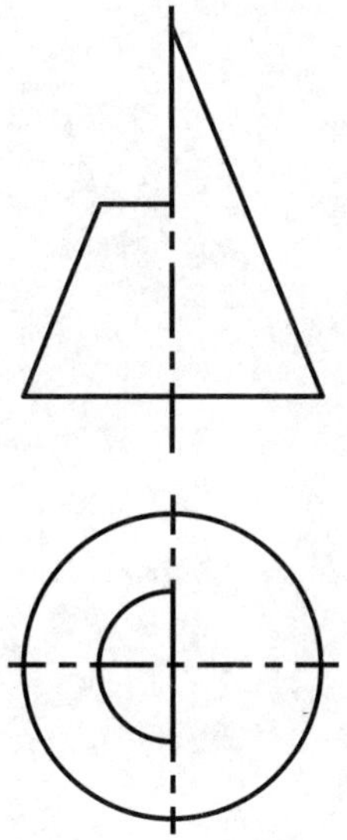

（8）

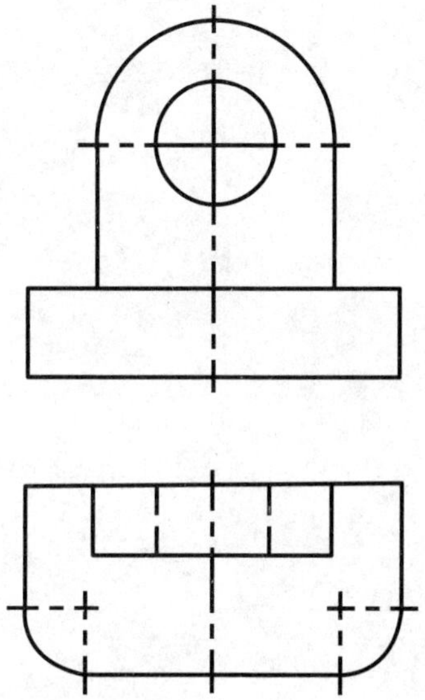

专业		班级		姓名		学号		日期		成绩	

根据正投影图绘制斜二轴测图。

(1)

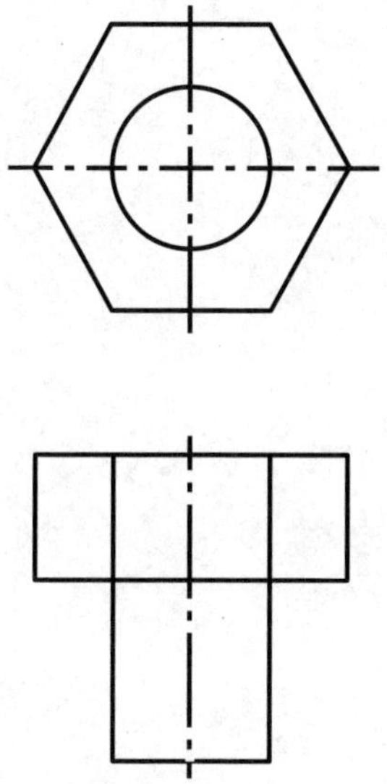

(2)

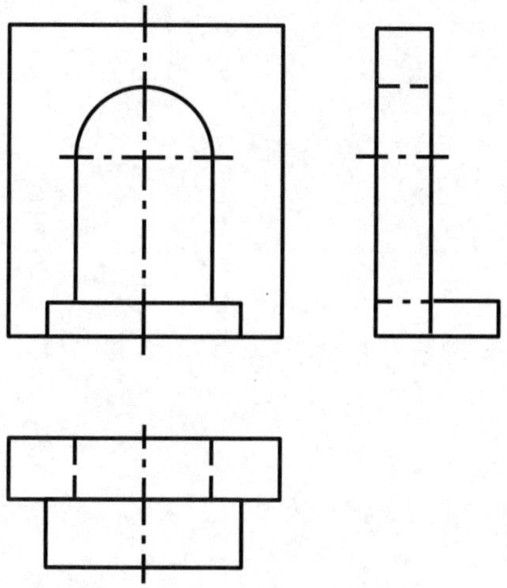

专业		班级		姓名		学号		日期		成绩	

根据正投影图绘制斜等轴测图。

(1)

(2)

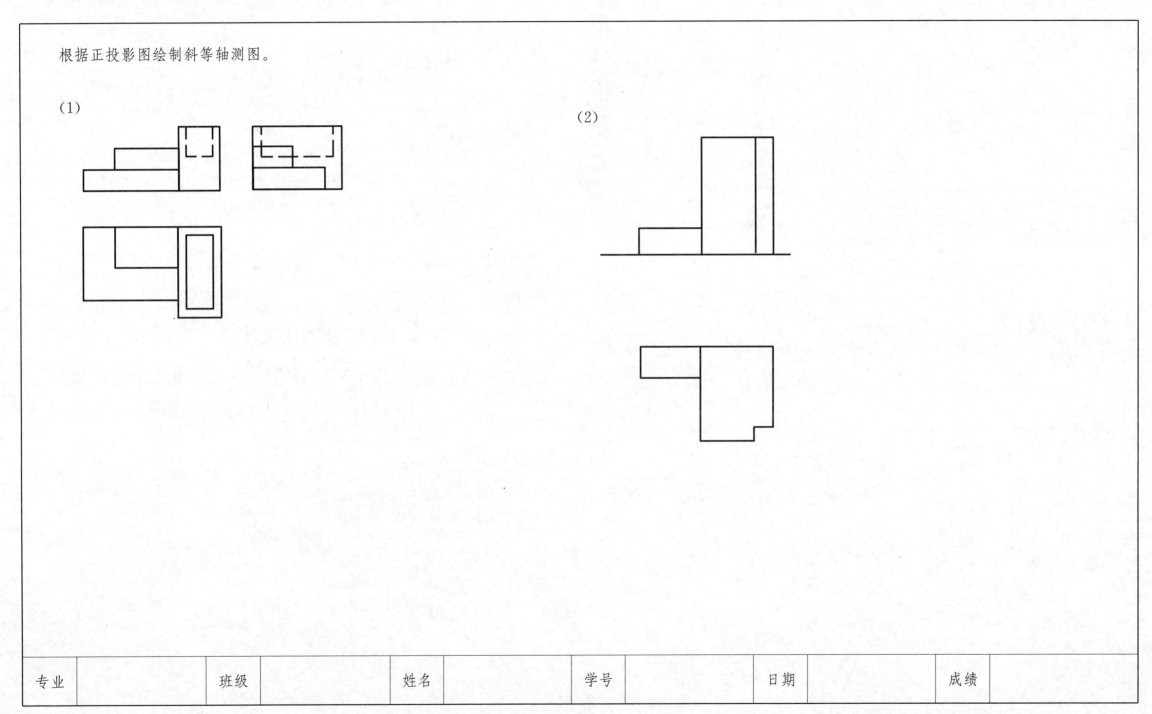

专业		班级		姓名		学号		日期		成绩	

6 建筑施工图

1. 填空题

(1) 房屋按其使用功能通常可分为_____、_____和_____三类。

(2) 一套完整的房屋施工图,根据其专业内容和作用的不同,通常包括_____、_____、_____(简称"_____")、_____(简称"_____")和_____(简称"_____")。

(3) 建筑施工图的内容包括施工图首页(含图纸目录、建筑设计说明等)、_____图、_____图、_____图、剖面图和详图。

(4) 施工图中尺寸单位,除标高及总平面图以_____为单位,其他一律以_____为单位。

(5) 把建筑物底层室内主要地面的高度定为零点的标高称为_____标高;把青岛黄海平均海平面的高度定为零点的标高称为_____标高。

(6) 总平面图是新建建筑物定位的依据,新建建筑物的定位一般采用_____、_____两种方法,教材图 6-21 某住宅小区总平面图中,③栋新建住宅楼是根据_____定位的,其定位坐标值分别是_____、_____。该总平面图是按_____比例绘制的。

(7) 建筑平面图是假想用一个_____剖切平面,经过_____洞口之间将房屋剖开,移去剖切平面以上的部分,将余下部分从上向下进行投影而得到的水平_____图,简称_____图,它主要表达房屋的_____情况。

(8) 在多层和高层建筑中,若中间各层是一样的,则只需画一个平面图作为代表,称为_____图。

(9) 平面图中三道尺寸,最里面一道尺寸表示_____,中间一道尺寸表示_____,最外边一道尺寸表示_____。

(10) 阅读附录中的建筑平面图可知,该住宅楼的总长是_____,总宽是_____,横向有主要定位轴线_____条,纵向有主要定位轴线_____条。该住宅墙厚_____,墙体材料是_____;全楼共有门_____种,窗_____种。其中在一层平面图中,C5 有_____樘,其洞口尺寸(宽×高)为_____。

专业		班级		姓名		学号		日期		成绩	

6 建筑施工图

2. 单项选择题

(1) 详图索引符号中的圆圈直径是( )。

A. 14 mm B. 12 mm C. 10 mm D. 8 mm

(2) 定位轴线用( )表示。

A. 细实线 B. 粗实线 C. 细点画线 D. 双点画线

(3) 相对标高的零点正确的注写方式为( )。

A. +0.000 B. −0.000 C. ±0.000 D. 无规定

(4) 定位轴线 ③/A 表示( )。

A. A 轴线之后附加的第 3 根轴线 B. A 轴线之前附加的第 3 根轴线

C. 3 轴线之前附加的第 A 根轴线 D. 3 轴线之后附加的第 A 根轴线

(5) 关于建筑平面图的图示内容,以下说法错误的是( )。

A. 表示内外门窗位置及编号 B. 注出室内楼地面的标高表示

C. 楼板与梁柱的位置及尺寸 D. 画出室内设备和形状

(6) 建筑平面图不包括( )。

A. 基础平面图 B. 首层平面图 C. 标准平面图 D. 屋顶平面图

(7) 总平面图中,高层建筑宜在图形内右上角以( )表示建筑物层数。

A. 点数 B. 数字 C. 点数或数字 D. 文字说明

(8) 室外散水应在( )中画出。

A. 底层平面图 B. 标准层平面图 C. 顶层平面图 D. 屋顶平面图

专业		班级		姓名		学号		日期		成绩	

6　建筑施工图

3. 多项选择题

(1) 建筑工程图中,标高的种类有(　　)几种。

A. 测量标高　　　　　　B. 绝对标高　　　　　　C. 相对标高　　　　　　D. 建筑标高　　　　　　E. 结构标高

(2) 房屋建筑工程图的组成有(　　)。

A. 图纸目录　　　　　　B. 建筑施工图　　　　　　C. 结构施工图　　　　　　D. 总平面图　　　　　　E. 设备施工图

(3) 以下关于定位轴线的说法正确的是(　　)。

A. 定位轴线由细点画线画出　　　　　　　　　　　　B. 轴线的端部画细实线圆圈,编号写在圈内

C. 轴线的横向编号用大写拉丁字母表示　　　　　　D. 轴线的竖向编号用大写拉丁字母表示

E. 竖向编号的编写顺序为自下而上

(4) 下列说法正确的有(　　)。

A. 索引符号的上半圆数字表示详图编号　　　　　　B. 详图符号的上半圆数字表示详图编号

C. 详图符号的下半圆数字表示详图所在图纸的图号　　D. 详图符号的下半圆为"—"时表示详图在本张图纸内

E. 索引符号的下半圆数字表示详图所在图纸的图号

(5) 建筑剖面图应标注(　　)等内容。

A. 门窗洞口高度　　　　B. 层间高度　　　　　　C. 建筑总高度　　　　D. 楼板与梁的断面高度　　　E. 室内门窗洞口的高度

(6) 下面属于建筑施工图的有(　　)。

A. 首页图　　　　　　　B. 总平面图　　　　　　C. 基础平面布置图　　　D. 建筑立面图　　　　　E. 建筑详图

(7) 建筑平面图的组成有(　　)。

A. 一层平面图　　　　　B. 标准层平面图　　　　C. 顶层平面图　　　　D. 屋顶平面图　　　　　E. 局部平面图

专业		班级		姓名		学号		日期		成绩	

6 建筑施工图

4. 绘图题

根据房屋的剖面轴测图(右图)绘制建筑平面、立面、剖面图(单位:mm)。

已知条件:

(1) 平面尺寸见下页底层平面图,层高 3 000,楼板厚 100,窗台高 900,女儿墙高 600、走廊栏杆高 1 100。

(2) 门窗洞口尺寸(宽×高):

M1:1 000×2 600　M2:900×2 600　C1:1 500×1 700

(3) 楼梯踏步宽 280,踢面高 150,楼梯休息平台宽 1 450,楼梯井宽 160。

(4) 外墙面装修自定。

作业要求:

(1) 用 A2 图幅绘制铅笔线图。

(2) 绘制底层平面图,正立面图,左侧立面图,1-1 剖面图。

(3) 比例 1∶100。

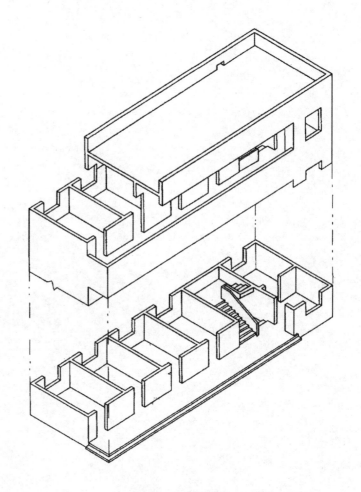

图 6-1　剖面轴测图

专业		班级		姓名		学号		日期		成绩	

6 建筑施工图

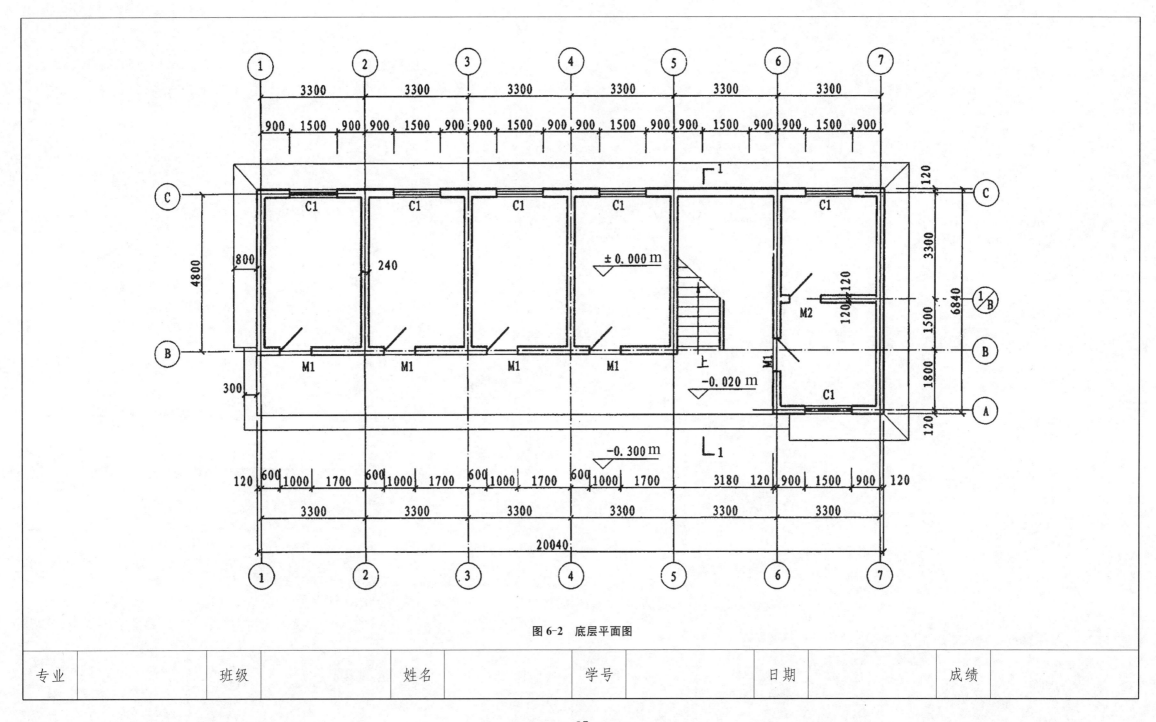

图 6-2 底层平面图

专业		班级		姓名		学号		日期		成绩	

7　结构施工图

1. 填空题

(1) 建筑结构施工图一般由＿＿＿＿＿＿、＿＿＿＿＿＿和＿＿＿＿＿＿三部分组成。

(2) 热轧钢筋是建筑工程中用量最大的钢筋,主要用于钢筋混凝土和预应力混凝土配筋。钢筋有光圆钢筋和变形钢筋之分,热轧光圆钢筋的牌号为HPB300,热轧变形钢筋的牌号有 HRB335、HRB400 和 RRB400 几种,其符号分别用＿＿＿＿＿、＿＿＿＿＿、＿＿＿＿＿和＿＿＿＿＿表示。

(3) 钢筋混凝土构件是由混凝土和钢筋两种材料浇注而成的,钢筋混凝土构件详图是加工制作钢筋、浇注混凝土的依据,一般包括模板图、＿＿＿＿＿＿、预埋件详图、钢筋表和＿＿＿＿＿＿。

(4) 基础的形式很多,通常有＿＿＿＿＿＿、＿＿＿＿＿＿、＿＿＿＿＿＿和＿＿＿＿＿＿等,条形基础一般用于砖混结构中,独立基础、筏板基础和箱型基础用于钢筋混凝土结构中。基础按材料不同可分为＿＿＿＿＿＿、＿＿＿＿＿＿、＿＿＿＿＿＿和＿＿＿＿＿＿。

(5) 基础详图实质是基础的＿＿＿＿＿＿放大图。用一假想的平面沿垂直于轴线的方向把基础剖开所得到的断面图称为基础详图。

(6) 混凝土结构平面整体表示方法(简称平法)概括来讲,是把结构构件的尺寸和配筋等,按照平面整体表示方法制图规则,整体直接表达在各类构件的＿＿＿＿＿＿上,再与＿＿＿＿＿＿相配合,即构成一套新型完整的结构设计。

(7) 平法设计在平面布置图上表示各构件尺寸和配筋的方式,分为＿＿＿＿＿＿、＿＿＿＿＿＿和＿＿＿＿＿＿三种。

(8) 柱列表注写方式系在＿＿＿＿＿＿上,分别在同一编号的柱中选择一个(有时需要选择几个)截面标注柱的几何参数代号,在柱表中注写＿＿＿＿＿＿、＿＿＿＿＿＿、几何尺寸(含柱截面对轴线的偏心情况)与＿＿＿＿＿＿的具体数值,并配以各种柱截面形状及其＿＿＿＿＿＿的方式,来表达的柱平法施工图。

(9) 柱平法施工图列表注写方式,包括＿＿＿＿＿＿、＿＿＿＿＿＿、＿＿＿＿＿＿、＿＿＿＿＿＿等内容。

(10) 柱截面注写方式系在柱平面布置图的柱截面上,分别在同一编号的柱中选择一个截面,以直接注写＿＿＿＿＿＿和配筋的方式来表达的柱平法施工图。

专业		班级		姓名		学号		日期		成绩	

(11) 柱平法施工图截面注写方式对所有柱截面进行编号,从相同编号的柱中选择一个截面,_____绘制柱截面配筋图,并在各配筋图上继其编号后再注写_____、_____、_____的具体数值,以及在柱截面配筋图上标注柱截面与轴线关系 $b1$、$b2$、$h1$、$h2$ 的具体数值。

(12) 梁平法施工图系在梁平面布置图上采用_____或_____来表达的梁的平法施工图。

(13) 梁平面注写方式系在_____上,分别在不同编号的梁中各选一根梁,在其上注写截面尺寸和配筋具体数值的方式来表达梁平法施工图。梁编号由梁类型代号、序号、跨数及有无悬挑代号几项组成。

(14) 梁平面注写包括_____和_____,_____表达梁的通用数值,_____表达梁的特殊数值(原位标注取值优先)。

(15) 梁集中标注的内容,有五项必注值及一项选注值,分别是①_____;②_____;③梁箍筋,包括钢筋级别、直径、加密区与非加密区间距及肢数;④_____;⑤_____;⑥梁顶面标高高差,该项为选注值。

(16) 梁原位标注主要包括①_____,包含通长筋在内的所有纵筋;②_____;③_____。

(17) 有梁楼盖板平法施工图系在_____上采用平面注写的表达方式。板平面注写包括_____和_____。

(18) 板块集中标注的内容包括:①_____;②_____;③_____。

(19) 贯通纵筋按板块的下部和上部分别注写(当板块上部不设贯通纵筋时则不注),以_____代表下部,以_____代表上部,_____代表下部与上部;从左至右为_____向,从下至上为_____向,X 向贯通纵筋以_____打头,Y 向贯通纵筋以_____打头,两向贯通纵筋配置相同时则以_____打头。当为单向板时,分部筋可不必注写,而在图中统一注明。

专业		班级		姓名		学号		日期		成绩	

7   结构施工图

2. 简答题

(1) 说明装配式楼盖中楼板标注 6YKB395-2 的含义。

(2) 说明梁平法施工图上标注的含义。

① $\phi10@100/200(4)$。

② $13\phi10@150/200(4)$。

③ $2\Phi25+3\Phi22(-3)/5\Phi25$。

④ $G4\phi12$。

(3) 说明楼面板标注的含义。

① 板块标注：LB5 $h=110$

B：$X\phi10/12@100$；$Y\phi10@110$

② 板支座原位标注：⑦$\phi12@100(5A)$和 1500

专业		班级		姓名		学号		日期		成绩	

7 结构施工图

3. 根据钢筋砼梁的立面图完善钢筋表

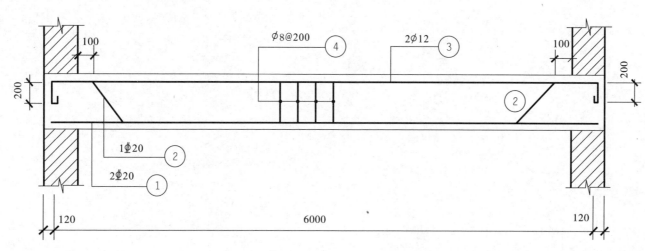

钢筋编号	钢 筋 简 图	规 格	数 量	单根长度
①				
②				
③				
④				

专业		班级		姓名		学号		日期		成绩	

4. 根据梁的平面注写方式平法施工图,完成相应断面图

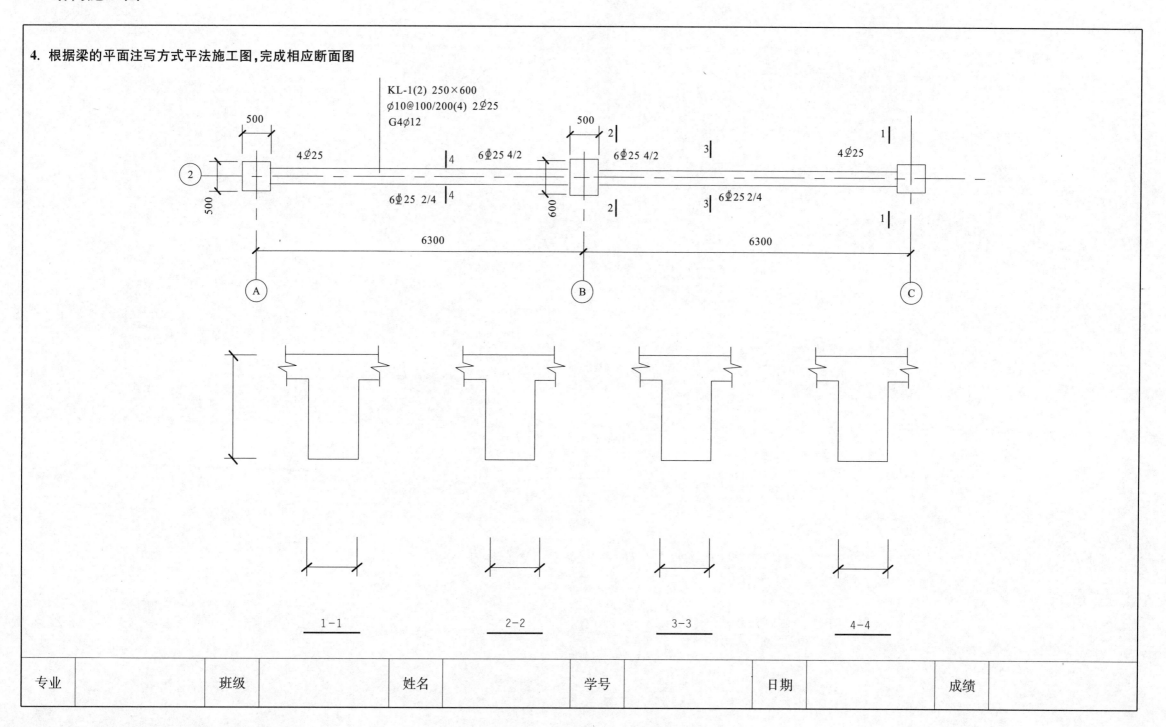

| 1-1 | 2-2 | 3-3 | 4-4 |

| 专业 | | 班级 | | 姓名 | | 学号 | | 日期 | | 成绩 | |

8 建筑给水排水施工图

1. 填空题

(1) 给水排水工程是解决人们的生活、生产及消防用水和排除废水、处理污水的城市建设工程，它包括 _____、室外排水工程及_____三方面。

(2) 室内给水系统一般由引入管、水表节点、_____、_____、升压和贮水设备、消防设备等组成。

(3) 室内排水系统一般由_____、_____、_____和清通设备等组成。

(4) 室内给水排水施工图一般包括设计说明、主要材料统计表、_____、_____以及详图。

2. 简述室内给水排水施工图的识读要点

(1) 设计说明：

(2) 平面图：

(3) 系统轴测图：

专业		班级		姓名		学号		日期		成绩	

8　建筑给水排水施工图

3. 根据教材图8-9、图8-10完成下列内容

　　该工程为宿舍楼卫生间的给水与排水工程,该宿舍楼共＿＿＿＿＿层,二、三、四层楼面的标高分别是＿＿＿＿＿、＿＿＿＿＿和＿＿＿＿＿。卫生间的用水设备有淋浴间

2个、污水池2个、盥洗台1个、坐式大便器4个和小便池1个。

　　从教材图8-9、图8-10可知,给水管道用＿＿＿＿＿线表示,排水管道用＿＿＿＿＿线表示。给水引入管穿④号轴线墙引入,管径为＿＿＿＿＿,标高为＿＿＿＿＿,共设＿＿

＿＿＿＿道给水立管,编号分别是＿＿＿＿＿、＿＿＿＿＿和＿＿＿＿＿。从JL-1给水立管在2.400标高处引出给水支管,管径为＿＿＿＿＿,分别给＿＿＿＿＿、＿＿＿＿＿和＿＿＿＿＿

＿＿＿＿供水,盥洗台给水横支管的标高是＿＿＿＿＿。从JL-1给水立管在−0.300标高处引出给水横管,管径为＿＿＿＿＿,分别给＿＿＿＿＿、＿＿＿＿＿和＿＿＿＿＿供水,淋

浴间给水横支管的标高为＿＿＿＿＿,管径为＿＿＿＿＿。二～四层的给水支管的布置与底层相同。

　　从图8-10可知,给水立管管径是变化的,JL-1给水立管自下至上管径依次是＿＿＿＿＿、＿＿＿＿＿、＿＿＿＿＿和＿＿＿＿＿,变径点分别在横干管、一层横支管和三层

横支管接出处。JL-2给水立管自下至上管径无变化,均＿＿＿＿＿。JL-3给水立管自下至上管径依次是＿＿＿＿＿和＿＿＿＿＿,变径点在三层横支管接出处。

专业		班级		姓名		学号		日期		成绩	

9 建筑电气施工图

1. 填空题

（1）建筑电气工程包括_____、_____、_____和_____。

（2）建筑电气专业施工图一般由设计说明、_____、_____、安装详图和材料表组成。

（3）设计说明主要包括_____、_____以及图中未能表达清楚的有关事项。如供电电源的来源、供电方式、电压等级、线路_____、防雷接地、设备安装高度及安装方式、工程主要技术数据、施工注意事项等。

（4）电气系统图主要表达建筑物_____的基本组成，动力与照明设备的安装容量，配电方式，导线与电缆的型号、规格、敷设方式及穿管管径等。

（5）平面图是将同一层内不同高度的_____及_____都投影到同一平面上来表示。主要表达建筑物内部照明线路的敷设位置与方式、导线的根数、各种设备的数量、型号和相对位置。安装详图电气设备的安装一般采用国家标准，即《电气安装施工图册》中规定的安装方式进行安装。电气施工图中一般不再画详图，但要指明图册名称、页数及采用的详图编号。

2. 说明下列标注的含义

（1）线路标注：WP201　YJV-0.6/1kV-2(3×150＋2×70)SC80-WS3.5

（2）线路标注：BLV-(3×60＋2×35)SC70-WC

（3）照明灯具标注：5-BYS80$\dfrac{2×4×FL}{3.5}$CS

专业		班级		姓名		学号		日期		成绩	

3. 根据教材图9-1配电系统图完成下列内容

该照明工程采用_____供电。电源进户线采用_____,表示_____根_____绝缘线,每根截面为_____mm²,穿在一根直径为_____mm的焊接钢管内,埋地暗敷设,通至配电箱,内有漏电开关,型号为 HSL1-200/4P 120A/0.5A,然后引出四条支路分别向一、二、三、四层供电。此四条供电干线为_____,标注为_____,表示有_____根_____绝缘线,每根截面为_____mm²,穿在直径为_____mm的_____内,沿_____敷设。

4. 根据教材图9-2、图9-3、图9-4配电平面图完成下列内容

(1) 底层平面图中每个房间内都布置有单管荧光灯、吊扇、单相五孔插座、空调插座。荧光灯采用_____安装,安装高度_____m,灯管功率_____W;吊扇安装高度_____m,用吊扇开关控制;吊扇开关采用暗装,安装高度_____m;单相五孔插座,暗装,安装高度0.5 m;空调插座采用单相三孔空调插座,_____(明、暗)装,安装高度_____m。

(2) ④、⑦轴线间的房间内有_____盏单管荧光灯,用西边门侧的暗装双极开关控制;吊扇两台,用西边门侧的两个暗装吊扇开关控制;接在_____支路上。暗装_____插座四个,接在④支路上;暗装单相三孔空调插座一个,接在_____支路上。

(3) ①支路向_____、_____和_____的照明灯供电;②支路向_____轴线西部的室内照明灯和电扇供电;③支路向⑦轴线东部、E轴线南部的室内照明灯和_____供电;④支路向⑦轴线西部的室内_____供电;⑤支路向⑦轴线东部和_____轴线南部的单相五孔插座供电。

(4) 由于空调的电流比较大,一般情况下一个支路上只有一个插座,有时也可有两个插座。如⑥支路向④、⑦轴线间的单相三孔空调插座供电,图中把⑥支路画在了墙体中,但其仍是_____敷设;⑦支路向楼梯间北的_____供电;⑧支路向东部_____、_____轴线间的两个办公室内三孔空调插座供电;⑨支路向_____、_____轴线间的三孔空调插座供电;⑩支路向东部_____、_____轴线间的两个房间内三孔空调插座供电。

专业		班级		姓名		学号		日期		成绩	